"十四五"职业教育国家规划教材

传感与检测技术

（第2版）

主　编　周中艳　党丽峰
副主编　侯　春　陈金华
参　编　缪秋芳　雷燕萍
主　审　姜玉柱

北京理工大学出版社
BEIJING INSTITUTE OF TECHNOLOGY PRESS

内 容 简 介

本书基于传感器的应用，选取生产、生活中实际传感器电路，采取任务驱动，理论联系实际介绍了传感器的功能、结构特性、技术参数和选用原则；并通过实际电路的制作、调试让学生能够正确使用传感器，掌握检测转换电路的组成原理。

本书全面、系统介绍了机电一体化等系统中常用传感器的应用。全书图文并茂、通俗易懂、精练实用、通用性强，可作为职业院校的教材，也可以作为工程技术人员的参考用书和培训教材。

版权专有　侵权必究

图书在版编目（CIP）数据

传感与检测技术/周中艳，党丽峰主编. —2版. —北京：北京理工大学出版社，2023.7重印

ISBN 978-7-5682-7799-0

Ⅰ.①传⋯　Ⅱ.①周⋯　②党⋯　Ⅲ.①传感器-职业教育-教材　Ⅳ.①TP212

中国版本图书馆CIP数据核字（2019）第242905号

出版发行 /	北京理工大学出版社有限责任公司
社　　址 /	北京市海淀区中关村南大街5号
邮　　编 /	100081
电　　话 /	（010）68914775（总编室）
	（010）82562903（教材售后服务热线）
	（010）68944723（其他图书服务热线）
网　　址 /	http：//www.bitpress.com.cn
经　　销 /	全国各地新华书店
印　　刷 /	定州市新华印刷有限公司
开　　本 /	787毫米×1092毫米　1/16
印　　张 /	14.5
字　　数 /	280千字
版　　次 /	2023年7月第2版第4次印刷
定　　价 /	44.00元

责任编辑 / 陆世立
文案编辑 / 陆世立
责任校对 / 周瑞红
责任印制 / 边心超

图书出现印装质量问题，请拨打售后服务热线，本社负责调换

前言

FOREWORD

党的二十大报告提出："教育、科技、人才是全面建设社会主义现代化国家的基础性、战略性支撑。必须坚持科技是第一生产力、人才是第一资源、创新是第一动力，深入实施科教兴国战略、人才强国战略、创新驱动发展战略，开辟发展新领域新赛道，不断塑造发展新动能新优势。""以国家战略需求为导向，集聚力量进行原创性引领性科技攻关，坚决打赢关键核心技术攻坚战。"为贯彻落实党的二十大精神，按照《国家职业教育改革实施方案》和"三教"改革有关要求，编者在第一版的基础上，根据多年教学实践经验，并听取了众多使用本教材的师生们提出的宝贵意见和建议，对教材进行了修订。修订后的教材内容和结构更加符合学生认知规律，更能激发学生的学习潜能。作为教师教和学生学的载体，更加适应教和学活动的开展，更加适应规定的教学时数，使学生能较好掌握传感器应用的理论知识和技能。本次修订突出了以下特色：

1. 教材在内容上采用"模块+项目+任务"的模式，将测量同一物理量的不同种类传感器放在一个模块中，一个模块由多个项目组成，每个项目介绍一种不同工作原理的传感器的应用。通过深入企业调研，精选企业中传感器的典型应用项目，并且所选的项目基本涵盖了不同工作原理的传感器，将测量同一物理量的不同传感器应用项目放在一起便于学生对比学习。通过教材内容的重新组合，条理性和逻辑性更强，更加符合学生的认知规律和学习习惯。

2. 在每个项目中，重点围绕传感器应用，通过对具体的传感器应用电路的制作、调试来介绍传感器的原理、技术参数、选用原则和转换接口电路原理。

3. 在每个项目的内容组织上，采取任务驱动，将传统的理论知识，融合到元件的识别与检测、电路的装配、电路的调试和电路的运行中；突出传感器选用、识别、检测转换电路的装配和调试时原理的分析，使学生真正掌握传感器的应用。

4. 对于每个项目教学，从传感器的参数入手，结合具体的应用电路介绍传感器的选型，从传感器的结构入手组织学生对传感器进行识别检测，制作电路后分析电路的工作原理，并对电路进行调试和运行；通过项目学习，可以提高学生动手能力及分析、解决

FOREWORD

问题的能力，培养学生的职业能力，实现"教、学、做"一体化。

5. 教材符合当前一直倡导的以学生为主体、教师为主导的教学观念，利于教师实施"做、学、教"一体化教学，教学过程从传统的教师讲学生听为主，自然转变为教师在做中教、学生在做中学，教师的教学手段和教学方法也更加灵活。

6. 教材的教学环节设计符合学生的认知规律，学生可以在教材中各个环节的引导下循序渐进学习。并且不再是枯燥的理论知识，而是直观、生动的趣味制作。学生能在做的过程中更加深刻理解专业知识，教材中的拓展知识使学生也可根据各自情况进行拓展学习，充分发挥了学生的能动性。

7. 教材利于课堂教学过程评价的实施，促使学生重视整个过程学习，对每个学生的评价更客观、科学。每个项目结合具体任务设置了任务评价，教师在引导学生自主学习的同时，能针对每组每位学生的学习情况进行指导，并及时记录学生任务完成情况，最后每位学生的项目完成效果也直观呈现。通过本教材实施教学不但利于老师对每位学生的评价，也利于每位学生自己对自己的学习情况的评价。

本书修订由江苏安全技术职业学院周中艳、镇江高等职业技术学校党丽峰任主编，江苏安全技术职业学院侯春、镇江高等职业技术学校陈金华任副主编，江苏省武进中等专业学校缪秋芳、嘉善县中等专业学校雷燕萍参加了修订。具体修订分工为：周中艳编写模块一并进行全书统稿，侯春编写模块二、三，缪秋芳编写模块四，陈金华编写模块五，雷燕萍编写模块六，党丽峰编写模块七、八。本书由江苏安全技术职业学院姜玉柱主审，他对书稿进行了认真审阅，并提出了大量宝贵意见。广大兄弟院校同行对本书的修订也提出了很好的建议，在此一并表示感谢。

在本次修订过程中，由于编者教学经验和水平有限，书中难免有错误和不妥的之处，恳请读者批评指正。

编　者

目录
CONTENTS

模块一 传感器与检测基本知识

项目一 传感器基本知识 **2**
　　任务一　认识传感器 2
　　任务二　了解传感器的应用领域 6
　　任务三　了解传感器的发展趋势 8

项目二 传感器的测量误差和准确度 **11**
　　任务一　识记误差的类型 11
　　任务二　计算误差 12
　　任务三　计算准确度 14

项目三 检测电路基本知识 **15**
　　任务一　明确检测电路的作用 15
　　任务二　选用检测和转换电路 16

课后习题 **21**

模块二 温度传感器的应用

项目一 热敏电阻在冰箱温度控制中的应用 **24**
　　任务一　热敏电阻的识别、检测和选用 25
　　任务二　热敏电阻式冰箱温度控制电路制作 27
　　任务三　热敏电阻式冰箱温度控制电路调试 30

项目二 PN结温度传感器在温室大棚中的应用 **32**
　　任务一　PN结温度传感器的识别、检测和选用 33
　　任务二　PN结温度传感器式温度表电路制作 34
　　任务三　PN结温度传感器式温度表电路调试 36

项目三 热电偶在输油管道温度测量中的应用 **38**
　　任务一　热电偶的识别、检测和选用 39

目 录

任务二 热电偶式电路安装	42
任务三 热电偶式电路调试	45

项目四 集成温度传感器在数字显示温度表中的应用 …… **48**
    任务一 集成温度传感器的识别、检测和选用 …… 49
    任务二 集成温度传感器式温度表电路制作 …… 50
    任务三 集成温度传感器式温度表电路调试 …… 52

课后习题 …… **54**

模块三 光电传感器的应用

项目一 光敏电阻在报警器中的应用 …… **58**
    任务一 光敏电阻的识别、检测和选用 …… 59
    任务二 光敏电阻式报警电路制作 …… 60
    任务三 光敏电阻式报警电路调试 …… 61

项目二 热释电红外传感器在公共照明中的应用 …… **63**
    任务一 热释电红外传感器的识别、检测和选用 …… 64
    任务二 热释电红外传感器开关电路的制作 …… 65
    任务三 热释电红外传感器开关电路调试 …… 66

课后习题 …… **68**

模块四 压力传感器的应用

项目一 电阻应变片在电子秤中的应用 …… **72**
    任务一 电阻应变片的识别、检测和选用 …… 73
    任务二 简易电子秤电路制作 …… 75
    任务三 简易电子秤电路调试 …… 76

项目二 压电式传感器在警戒区报警电路中的应用 …… **78**
    任务一 压电陶瓷片的识别、检测和选用 …… 79
    任务二 简易警戒区报警电路制作 …… 81
    任务三 简易警戒区报警电路调试 …… 82

项目三 高分析压电薄膜振动感应片在玻璃破碎报警装置中的应用 …… **84**
    任务一 高分析压电薄膜振动感应片的识别、检测和选用 …… 85
    任务二 简易玻璃破碎报警装置电路制作 …… 87
    任务三 简易玻璃破碎报警装置电路调试 …… 88

项目四 压阻式压力传感器在数字压力计中的应用 …… **90**

  任务一　压阻式压力传感器的识别、检测和选用……………………………………… 91
  任务二　简易数字压力计电路制作………………………………………………… 93
  任务三　简易数字压力计电路调试………………………………………………… 96
课后习题 ………………………………………………………………………………… 98

模块五　位移传感器的应用

项目一　电位器式位移传感器在机械行程控制位置检测电路中的应用……………… 102
  任务一　电位器式位移传感器的识别、检测和选用……………………………… 103
  任务二　电位器式位移传感器的位置检测电路制作…………………………… 105
  任务三　电位器式位移传感器的位置检测电路调试…………………………… 107
项目二　光栅传感器在数控机床位移检测电路中的应用……………………………… 109
  任务一　光栅传感器的识别、检测和选用………………………………………… 110
  任务二　光栅传感器的位移检测电路制作……………………………………… 113
  任务三　光栅传感器的位移检测电路调试……………………………………… 114
项目三　接近传感器在防触电警告电路中的应用……………………………………… 116
  任务一　接近传感器的识别、检测和选用………………………………………… 117
  任务二　接近传感器的位置检测电路制作……………………………………… 119
  任务三　接近传感器的位置检测电路调试……………………………………… 121
项目四　电感传感器在电动测微仪中的应用…………………………………………… 123
  任务一　差动变压器式电感传感器的识别、检测和选用………………………… 124
  任务二　电感传感器的电动测微仪检测电路制作……………………………… 126
  任务三　电感式传感器的电动测微仪检测电路调试…………………………… 129
项目五　超声波车载雷达在测距电路中的应用………………………………………… 131
  任务一　超声波传感器的识别、检测和选用……………………………………… 132
  任务二　超声波车载雷达测距电路制作………………………………………… 136
  任务三　超声波车载雷达测距电路调试………………………………………… 140
课后习题 ………………………………………………………………………………… 142

模块六　流量传感器的应用

项目一　涡轮流量计在天然气计量电路中的应用……………………………………… 146
  任务一　涡轮流量计的识别、检测和选用………………………………………… 146
  任务二　涡轮流量计在天然气计量电路中的应用……………………………… 150
项目二　电磁流量计在自来水厂水量监控电路中的应用……………………………… 154

任务一　电磁流量计的识别、检测和选用 ··· 154
　　任务二　电磁流量计在自来水厂水量监控电路中的应用 ································· 159
课后习题 ·· 167
　课后习题一 ·· 167
　课后习题二 ·· 168

模块七　速度传感器的应用

项目一　霍尔式传感器在汽车防抱死装置中的应用 ·· 171
　　任务一　霍尔式传感器的认识 ··· 172
　　任务二　霍尔式传感器在汽车防抱死装置中的应用电路制作 ······························ 176
　　任务三　霍尔式传感器在汽车防抱死装置中的应用电路调试 ······························ 177
项目二　磁电式传感器在发动机转速检测电路中的应用 ·· 179
　　任务一　初识磁电式传感器 ·· 179
　　任务二　磁电式传感器在发动机转速检测中的应用 ·· 183
　　任务三　磁电式传感器在发动机转速检测应用中的调试 ···································· 184
课后习题 ·· 186

模块八　气体与湿度传感器的应用

项目一　气敏电阻在酒精测试仪中的应用 ·· 189
　　任务一　初识气敏电阻 ·· 190
　　任务二　酒精浓度检测仪电路制作 ··· 195
　　任务三　气敏电阻在酒精浓度检测仪中的应用电路调试 ···································· 198
项目二　湿敏传感器在自动加湿器装置中的应用 ··· 200
　　任务一　初识湿敏传感器 ·· 201
　　任务二　自动去湿装置的电路制作 ··· 203
　　任务三　湿敏传感器在自动去湿装置中的应用电路调试 ···································· 204
课后习题 ·· 206
参考答案 ·· 208
参考文献 ·· 222

模块一

传感器与检测基本知识

模块学习目标

1. 掌握传感器的概念、作用、分类和主要技术参数。
2. 了解传感器在各工程领域中的应用和发展趋势。
3. 掌握测量误差的定义、分类和表示形式。
4. 能够进行测量误差和准确度的计算。
5. 掌握检测和转换电路的电路形式、原理和作用。
6. 能够正确选用检测和转换电路。

大国工匠·杨峰：扎根一线，守好火箭的心脏

模块一　传感器与检测基本知识

项目一

传感器基本知识

任务引入

利用教材、参考书和网络搜集传感器的应用实例,加深对传感器基本知识的理解。

学习目标

1. 掌握传感器的定义。
2. 了解传感器的种类。
3. 理解传感器主要技术参数的含义。
4. 了解传感器的主要应用领域和发展趋势,特别是传感器在物联网技术中的应用及我国在此领域的领先水平,增加民族自豪感和自信心。

学习准备

资料:利用教材、参考书和网络搜集传感器及其应用的相关知识。

任务一　认识传感器

知识准备

1. 传感器的定义

传感器类似人的眼、鼻和口,用于获取各种外界信息。传感器就是利用物理、化学或生物效应,把被测的物理量、化学量、生物量等非电量转换为电量的器件或装置。在自动化控制系统中,传感器相当于系统的感觉器官,能快速、精确地获取各类信息,系统正是靠对这些信息的分析和处理来实现决策控制,以使整个系统有序工作。

传感器可以检测的信息范围很广，常见的输入量、转换原理和输出量见表1-1。

表1-1 传感器的输入量、转换原理和输出量

输入量			转换原理	输出量
物理量	几何学量	长度、厚度、角度、形变、位移、角位移	物理效应	电量（电压或电流）
	运动学量	速度、频率、时间、角速度、加速度、角加速度、振动		
	力学量	力、力矩、应力、质量、荷重		
	流体量	流量、流速、压力、真空度、液位、黏度		
	热学量	温度、热量、比热		
	湿度	绝对湿度、相对湿度、露点、水分		
	电量	电流、电压、功率、电场、电荷、电阻、电感、电容、电磁波		
	磁场	磁通、磁场强度、磁感应强度		
	光	光度、照度、色度、紫外线、红外光、可见光、光位移		
	放射线	X射线、α射线、β射线、γ射线		
化学量		气体、液体、固体、pH值、浓度	化学效应	
生物量		酶、微生物、免疫抗原、抗体	生物效应	

2. 传感器的组成与分类

1）传感器的组成

传感器一般由敏感元件、转换元件和转换电路三部分组成，如图1-1所示。

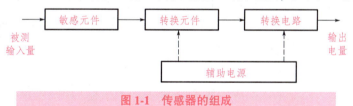

图1-1 传感器的组成

| 敏感元件 | ➡ | 传感器中直接感受被测量，并输出与被测量成确定关系的某一物理量的元件。 |

| 转换元件 | ➡ | 以敏感元件的输出为输入，把输入转换成电路参数。 |

| 转换电路 | ➡ | 上述电路参数接入转换电路，便可转换成电量输出。 |

实际上，有些传感器很简单，仅由一个敏感元件（兼作转换元件）组成，它感受被测量时直接输出电量（如热电偶）。有些传感器由敏感元件和转换元件组成，没有转换电路。有些传感器，转换元件不止一个，要经过若干次转换。

2) 传感器的分类

传感器的分类 ➡

(1) 按被测量分类，可分为力学量、光学量、磁学量、几何学量、运动学量、流体量、热学量、化学量、生物量传感器等。这种分类有利于选择传感器和应用传感器。

(2) 按工作原理分类，可分为电阻式、电容式、电感式、光电式、光栅式、热电式、压电式、红外、光纤、超声波、激光传感器等。这种分类有利于研究、设计传感器，也有利于对传感器的工作原理进行阐述。

(3) 按敏感材料分类，可分为半导体、陶瓷、石英、光导纤维、金属、有机材料、高分子材料传感器等。

(4) 按传感器输出量的性质分类，可分为模拟、数字传感器等。其中数字传感器便于与计算机联用，且抗干扰性较强，如脉冲盘式角度数字传感器、光栅传感器等。传感器数字化是今后的发展趋势。

(5) 按应用场合分类，可分为工业用、农用、军用、医用、科研用、环保用和家电用传感器等。若按具体使用场合，还可分为汽车用、船舰用、飞机用、宇宙飞船用、防灾用传感器等。

(6) 按使用目的分类，可分为计测用、监视用、位查用、诊断用、控制用、分析用传感器等。

3. 传感器的特性与主要技术参数

在自动化控制系统中，需要对各种参数进行实时检测和控制，要求传感器将被测量的变化不失真地转换为相应的电量，以实现较好的自动控制性能。自动控制性能的好坏主要取决于传感器的基本特性，而传感器的基本特性分为静态特性和动态特性两种。

1) 传感器的静态特性

静态特性是指检测系统的输入为不随时间变化的恒定信号时，系统的输出与输入之间的关系。表征传感器静态特性的主要参数有：线性度、灵敏度、迟滞、重复性、漂移、测量范围、量程、精度、分辨力、阈值、稳定性等。传感器的参数指标决定了传感器的性能以及选用传感器的原则。

(1) 线性度。线性度指传感器输出量与输入量之间的实际关系曲线偏离拟合直线的程度。通常情况下，传感器的实际静态特性曲线是一条非直线，在实际工作中常用一条拟合直线近似地代表实际的特性曲线。拟合直线的选取有多种方法，如将零输入和满量程输出点相连的理论直线作为拟合直线。

(2) 灵敏度。灵敏度是传感器静态特性的一个重要指标，其定义为输出量的增量 Δy 与引起该增量的相应输入量增量 Δx 之比。它表示单位输入量的变化所引起传感器输出量的变化，显然，灵敏度 S 的值越大，表示传感器越灵敏。

(3) 迟滞。输入量由大到小(反行程)变化期间，其输入/输出特性曲线不重合的现象称为迟滞。也就是说，对于同一大小的输入信号，传感器的正反行程输出信号大小不相等，这个差值称为迟滞差值。

(4) 重复性。重复性是指在同一工作条件下，传感器在输入量按同一方向做全量程连续多次变化时，所得特性曲线不一致的程度。

(5) 漂移。在输入量不变的情况下，传感器的输出量随着时间变化，此现象称为漂移。产生漂移的原因有两个方面：一是传感器自身的结构参数；二是周围环境(如温度、湿度等)。最常见的漂移是温度漂移，即因周围环境温度变化而引起输出量的变化，温度漂移主要表现为温度零点漂移和温度灵敏度漂移。

温度漂移通常用传感器工作环境温度偏离标准环境温度(一般为 20 ℃)时的输出值的变化量与温度变化量之比表示。

(6) 测量范围。传感器所能测量到的最小输入量与最大输入量之间的范围称为传感器的测量范围。

(7) 量程。传感器测量范围的上限值与下限值的代数差称为量程。

(8) 精度。精度是指测量结果的可靠程度，它是测量中各类误差的综合反映，测量误差越小，传感器的精度越高。传感器的精度用其量程范围内的最大基本误差与满量程输出之比的百分数表示，其基本误差是传感器在规定的正常工作条件下所具有的测量误差，由系统误差和随机误差两部分组成。在工程技术中，为简化传感器精度的表示方法，引用了精度等级的概念。精度等级以一系列标准百分比数值分挡表示，代表传感器测量的最大允许误差。

注：如果传感器的工作条件偏离正常的工作条件，还会带来附加误差，温度附加误差就是最主要的附加误差。

(9) 分辨力。传感器能检测到的输入量最小变化量的能力称为分辨力。对于某些传感器,如电位器式传感器,当输入量连续变化时,输出量只做阶梯变化,则分辨力就是输出量的每个"阶梯"所代表的输入量的大小。对于数字式仪表,分辨力就是仪表指示值的最后一位数字所代表的值。当被测量的变化量小于分辨力时,数字式仪表的最后一位数不变,仍指示原值。当分辨力以满量程输出的百分数表示时,则称为分辨率。

(10)阈值。阈值是指能使传感器的输出端产生可测变化量的最小被测输入量值,即零点附近的分辨力。有的传感器在零点附近有严重的非线性,形成所谓的"死区",则将死区的大小作为阈值;更多情况下,阈值主要取决于传感器噪声的大小,因而有的传感器只给出噪声电平。

(11)稳定性。稳定性是指传感器在一个较长的时间内保持其性能参数的能力。理想的情况是,不论什么时候,传感器的特性参数都不随时间变化。但实际上,随着时间的推移,大多数传感器的特性会发生改变。这是因为敏感元件或构成传感器的部件,其特性会随时间发生变化,从而影响了传感器的稳定性。

稳定性一般以室温条件下经过一规定时间间隔后,传感器的输出与起始标定时的输出之间的差异来表示,称为稳定性误差。稳定性误差可用相对误差表示,也可用绝对误差表示。

2)传感器的动态特性

动态特性是指检测系统的输入为随时间变化的信号时,系统的输出与输入之间的关系。主要动态特性的性能指标有时域单位阶跃响应性能指标和频域频率特性性能指标。

观察常用传感器的实物,认识传感器。

任务二 了解传感器的应用领域

传感器是自动化设备、智能电子产品、机器人等的重要感觉器官,已应用到人类生命、生活、生产和军事的各个领域中。可以说,从太空到海洋,从各种复杂的工程系统到人们日常生活的衣食住行,都离不开各种各样的传感器,传感器技术对国民经济的发展起着巨大的作用,有力促进了世界万物互联互通,构建了物联网新经济市场。目前,我国在物联网基础建设、应用探索实验等方面走在了世界前列。

1. 传感器在制造业中的应用

传感器在石油、化工、电力、钢铁、机械等加工工业中占有极其重要的地位。传感器在自动化生产线上相当于人的感觉器官的作用，按需要完成对各种信息的实时检测，再把大量测得的信息通过自动控制、计算机处理等进行反馈，用以进行生产过程、质量、工艺管理与安全方面的控制。

2. 传感器在汽车中的应用

目前，汽车的自动化和智能化程度越来越高，安全性能越来越好，汽车性能的提高与各种传感器的使用密不可分。传感器除对行驶速度、行驶距离、发动机转速等进行检测和控制外，在汽车安全气囊系统、防盗装置、防滑控制系统、防抱死装置、电子变速控制装置、排气循环装置、电子燃料喷射装置及汽车"黑匣子"等方面也得到了实际应用。可以预测，随着汽车电子技术和汽车安全技术的发展，传感器在汽车领域的应用将更加广泛。

3. 传感器在生活中的应用

随着人们生活水平的不断提高，对提高居住环境的智能化和家用电器的自动化程度的要求也越来越高。现代智能楼宇的信息和通信系统、电梯管理、供热与通风、空气调节、能源管理、安全保障等都要应用到各种传感器。传感器在电子炉灶、自动电饭锅、吸尘器、空调器、电子热水器、热风取暖器、风干器、报警器、电熨斗、电风扇、游戏机、电子驱蚊器、洗衣机、洗碗机、照相机、电冰箱、彩色电视机、录像机、录音机、收音机、电唱机及家庭影院等方面得到了广泛的应用。目前，家庭自动化的蓝图正在设计之中，未来的家庭将由作为中央控制装置的微型计算机，通过各种传感器代替人监视家庭的各种状态，并通过控制设备进行各种控制。家庭自动化的主要内容包括：安全监视与报警、空调及照明控制、耗能控制、太阳光自动跟踪、家务劳动自动化及人身健康管理等。家庭自动化的实现可使人们有更多的时间用于教育、休息和娱乐。

4. 传感器在机器人中的应用

目前，劳动强度大、危险、速度高、精度高的工作已逐步使用机器人。采用检测臂的位置和角度的传感器，利用机器人完成加工、组装、检验等工作，这些机器人属于生产用的自动机械式的单能机器人。要使机器人和人的功能更为接近，以便从事更高级的工作，要求机器人具有判断能力，这就要求给机器人安装物体检测传感器，特别是视觉传感器和触觉传感器，使机器人通过视觉对物体进行识别和检测，通过触觉对物体产生压觉、力觉、滑动感觉等。这类机器人被称为智能机器人，它不仅可以从事特殊的作业，而且可以处理一般的生产、事务和家务。

5. 传感器在医学中的应用

随着医疗科学技术的发展，现在已能应用医用传感器对人体的体温、血压、血液流量、心脑电波、脉波和肿瘤等进行准确的诊断。显然，传感器对促进医疗技术的高速发展起着非常重要的作用。

6. 传感器在环境监测中的应用

目前，地球的大气污染、水质污染及噪声污染已严重破坏了地球的生态平衡和我们赖以生存的环境，这一现状引起了世界各国的重视。为保护环境，利用传感器制成的各种环境监测仪器正在发挥着积极的作用。

7. 传感器在航空及航天领域中的应用

在航空及航天领域广泛地应用着各种各样的传感器。为将航天器控制在预定的轨道上，就要使用传感器进行速度、加速度和飞行距离的测量。要掌握飞行器飞行的方向，就必须使用红外水平线传感器陀螺仪、阳光传感器、星光传感器及地磁传感器测量其飞行姿态。此外，还要通过传感器对飞行器周围的环境、飞行器本身的状态及内部设备进行监测和控制。

8. 传感器在遥感技术中的应用

现在利用飞机、船舶、人造卫星及宇宙飞船对远距离的广大区域的物体及其状态进行大规模探测的活动越来越多。例如，在飞机及航天飞行器中使用的近紫外线、可见光、远红外线及微波传感器，在船舶向水下观测时采用的超声波传感器等。目前，遥感技术已在农林业、土地利用、海洋资源、矿产资源、水利资源、地质、气象及军事等领域得到了广泛应用。

任务实施

每名同学结合自己搜集的一个传感器应用实例，说明传感器的种类、作用及其在应用中要满足哪些技术参数要求。

任务三　了解传感器的发展趋势

1. 微型化

微型传感器是基于半导体集成电路技术发展的微电子机械系统（Micro Electro Mechanical Systems，MEMS）技术，利用微机械加工技术将微米级的敏感组件、信号处理器、数据处理装置封装在一块芯片上，具有体积小、质量轻、反应快、灵敏度高、成本低、功耗小、精度高和便于集成等优势。在实现 MEMS 传感器的集成化及智能化的同时，利用 MEMS 传感器技术还开发了与光学、生物学等技术领域交叉融合的新型传感器，如与微光学结合的 MOMES 传感器，与生物技术、电化学结合的生物化学传感器及与纳米技术结合的纳米传感器。

2. 智能化

智能传感器是带有微处理器，具有信息采集、处理、交换功能的传感器，是传感器集成化及与微处理器相结合的产物。与传统传感器相比，智能传感器的智能水平、准确度、精度、量程覆盖范围、远程可维护性、信噪比、稳定性、可靠性和互换性都远高于一般的传感器。目前智能传感器主要向两个方向发展，一个是多种传感功能与数据处理、存储、双向通信等的集成，可全部或部分实现信号探测、变换处理、逻辑判断、功能计算、双向通信，以及内部自检、自校、自补偿、自诊断等功能，具有低成本、高精度的信息采集、数据存储和通信及编程自动化、功能多样化等特点。例如，美国凌力尔特（Linear Technology）公司的智能传感器安装了ARM架构的32位处理器。另一个发展方向是软传感技术，即智能传感器与人工智能相结合，目前已出现多种基于模糊推理、人工神经网络、专家系统等人工智能技术的高度智能传感器，并已经在智能家居等方面得到应用。如日本电气股份有限公司（NEC）开发出了对大量传感器监控实施简化的新方法——"不变量分析技术"，并已面向基础设施系统投入使用。

3. 无线网络化

无线网对我们来说并不陌生，如手机、无线上网、电视机等。传感器对我们来说也不陌生，如温度传感器、压力传感器及比较新颖的气味传感器等。但是，把二者结合起来，提出无线传感器网络（Wireless Sensor Networks）这个概念，却是近几年才发生的事情。

这个网络的主要组成部分就是一个个可爱的传感器节点。说它们可爱，是因为它们的体积都比较小巧。这些节点可以感受温度的高低、湿度的变化、压力的增减、噪声的升降。更让人兴奋的是，每一个节点都是一个可以进行快速运算的微型计算机，它们将传感器收集到的信息转化成为数字信号进行编码，然后通过节点与节点之间自行建立的无线网络发送给具有更大处理能力的服务器。

随着无线网络和传感器技术的发展，无线传感器技术的应用逐步加快。无线传感器网络技术的关键是克服节点资源限制，并满足传感器网络扩展性、容错性等要求。该技术被美国麻省理工学院（MIT）的《技术评论》杂志评为对人类未来生活产生深远影响的十大新兴技术之首。目前研发重点主要在路由协议的设计、定位技术、时间同步技术、数据融合技术、嵌入式操作系统技术、网络安全技术、能量采集技术等方面。迄今，一些发达国家及城市在智能家居、精准农业、林业监测、军事、智能建筑、智能交通等领域对该技术进行了应用。例如，从MIT独立出来的Voltree Power LLC公司受美国农业部的委托，在加利福尼亚州的山林等处设置温度传感器，构建了传感器网络，旨在检测森林火情，减少火灾损失。

4. 集成化

目前，多功能一体化传感器受到广泛关注。传感器集成化包括两类：一类是同类型多个传感器的集成，即同一功能的多个传感元件用集成工艺在同一平面上排列，组成线性传感器（如CCD图像传感器）；另一类是多功能一体化，如几种不同的敏感元器件制作在同一硅片上，制成集成化多功能传感器，其集成度高、体积小、容易实现补偿和校正，是当前传感器集成化发展的主要方向。例如，意法半导体提出把组合了多个传感器的模块作为传感器中枢来提高产品功能；东芝公司已开发出晶圆级别的组合传感器，并于 2015 年 3 月发布能够同时检测脉搏、心电、体温及身体活动 4 种生命体征信息，并将数据无线发送至智能手机或平板电脑等的传感器模块"Silmee"。

5. 多样化

新材料技术的突破加快了多种新型传感器的发展。新型敏感材料是传感器的技术基础，材料技术研发是提升性能、降低成本和技术升级的重要手段。除了传统的半导体材料、光导纤维等外，有机敏感材料、陶瓷材料、超导材料、纳米材料和生物材料等成为研发热点，生物传感器、光纤传感器、气敏传感器、数字传感器等新型传感器加快发展。例如，光纤传感器是利用光纤本身的敏感功能或利用光纤传输光波的传感器，具有灵敏度高、抗电磁干扰能力强、耐腐蚀、绝缘性好、体积小、耗电少等特点，目前已应用的光纤传感器可测量的物理量达 70 多种，发展前景广阔；气敏传感器能将被测气体浓度转换为与其呈一定关系的电量输出，具有稳定性好、重复性好、动态特性好、响应迅速、使用维护方便等特点，应用领域非常广泛。另据 BCC Research 公司指出，生物传感器和化学传感器有望成为增长最快的传感器细分领域，预计 2014—2019 年的年均复合增长率可达 9.7%。

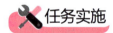
任务实施

结合对传感器发展趋势的认识，展望未来传感器在生产、生活中的应用。

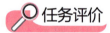
任务评价

任务评价见表 1-2。

表 1-2 任务评价

评价项目	评价内容	自评	互评	师评
学习态度(10 分)	能否认真完成教师布置的各项任务			
学习方法(10 分)	能否按教师的引导进行学习			
完成任务情况(70 分)	能否识别几种传感器(20 分)			
	能否按要求搜集传感器应用实例(10 分)			
	能否结合应用实例分析传感器的种类、作用及其在应用中要满足的技术参数要求(20 分)			
	是否对传感器未来的应用有正确的认识(20 分)			
协作能力(10 分)	与同组成员交流讨论解决不太清楚的问题			
总评	好(85~100 分)，较好(70~84 分)，一般(少于 70 分)			

项目二

传感器的测量误差和准确度

任务引入

进行测量误差和准确度的计算。

学习目标

1. 掌握测量误差的定义和分类。
2. 理解绝对误差、相对误差和准确度的定义。
3. 能够进行绝对误差和相对误差的计算。
4. 能够进行准确度的计算。

学习准备

资料：利用教材、参考书和网络搜集测量误差和准确度的相关知识。

任务一　识记误差的类型

知识准备

1. 测量误差的定义

测量结果与真实值之间的差值称为测量误差。

2. 测量误差的分类

（1）根据产生测量误差的原因，可以将测量误差分为系统误差、偶然误差和粗大误差三大类。

① 系统误差 ➡ 在相同测量条件下多次测量同一物理量,其误差大小和符号能够恒定不变或按照一定规律变化的测量误差,称为系统误差。系统误差表征测量的准确度。

② 偶然误差 ➡ 在相同测量条件下多次测量同一物理量,其误差大小和符号都不确定,呈无规律的随机性,此类误差称为偶然误差。偶然误差又称随机误差,通常用精密度表征随机误差的大小。
准确度和精密度统称为精确度,简称精度。

③ 粗大误差 ➡ 粗大误差是指测量过程中由于测量者的失误或受到突然且强大的干扰所引起的误差。含有粗大误差的测量数值是坏值,应该剔除。

(2)根据被测量与时间的关系,可以将测量误差分为静态误差和动态误差。

① 静态误差 ➡ 测量过程中被测量不随时间变化而产生的测量误差称为静态误差。

② 动态误差 ➡ 测量过程中被测量随时间变化而产生的测量误差称为动态误差。动态误差是由于检测系统对输入信号的滞后或对输入信号中不同频率成分所产生不同的衰减或延迟所造成的。动态误差值等于动态测量和静态测量所得误差的差值。

任务实施

从系统误差、偶然误差产生的原因分析如何减小测量误差。

任务二　计算误差

知识准备

测量误差的表示形式有绝对误差和相对误差两种。

1. 绝对误差

测量值 A_x 与被测量真值 A_0 之间的差值称为绝对误差，用符号 Δ 表示，计算公式为

$$\Delta = A_x - A_0 \tag{1-1}$$

式中：Δ——绝对误差；
A_x——测量值；
A_0——被测量真值。

由于被测量真值 A_0 是未知的，所以用标准表测得的真值 A 来替代。这样绝对误差定义为

$$\Delta = A_x - A \tag{1-2}$$

式中：A——标准表的指示值，称为实际值。

> **注意：**
> （1）绝对误差是有正、负的。当测量值大于实际值时，绝对误差为正；当测量值小于实际值时，绝对误差为负。
> （2）绝对误差的单位与被测量的单位相同。
> （3）绝对误差和误差的绝对值不能混为一谈。

2. 相对误差

相对误差用百分数的形式表示，又有实际相对误差、示值（标称）相对误差、满度（引用）相对误差之分。

（1）实际相对误差：它等于绝对误差与被测量真值的百分比。用 γ_A 表示，表达式为

$$\gamma_A = \frac{\Delta}{A_0} \times 100\% \tag{1-3}$$

式中：γ_A——实际相对误差。

（2）示值（标称）相对误差：它等于绝对误差与测量值的百分比。用 γ_x 表示，表达式为

$$\gamma_x = \frac{\Delta}{A_x} \times 100\% \tag{1-4}$$

式中：γ_x——示值（标称）相对误差。

（3）满度（引用）相对误差：它等于绝对误差与仪表满量程值的百分比。用 γ_n 表示，表达式为

$$\gamma_n = \frac{\Delta}{A_m} \times 100\% \tag{1-5}$$

式中：γ_n——满度（引用）相对误差；
A_m——仪表满量程值，即满度值。

任务实施

完成下面两题的计算。

(1)某电路中的电流为 10 mA,用甲电流表测量时的读数为 9.8 mA,用乙电流表测量时的读数为 10.3 mA。试求两次测量的绝对误差。

(2)电压表甲测量实际值为 100 V 的电压时,实测值为 101 V;电压表乙测量实际值为 1 000 V 的电压时,实测值为 998 V。试分别求两次测量的相对误差,并判断哪次测量的准确度高。

任务三　计算准确度

传感器和测量仪表的误差是以准确度表示的。准确度常用最大引用误差 S 来表示,即

$$S = \left| \frac{\Delta_m}{A_m} \right| \times 100\% \tag{1-6}$$

式中:Δ_m——绝对误差最大值;

A_m——满度值。

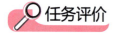

完成下面两题的计算。

(1)校验一只满度值为 100 V 的电压表,发现 50 V 处的误差最大,其值为 1 V,求该表的准确度等级。

(2)试问用 1.5 级(0 ℃～100 ℃)和 1.0 级(0 ℃～500 ℃)两个温度计测量 80 ℃的水,哪个准确度高?

任务评价

任务评价见表 1-3。

表 1-3　任务评价

评价项目	评价内容	自评	互评	师评
学习态度(15分)	能否认真完成教师布置的各项任务			
学习方法(15分)	能否按教师的引导进行学习			
完成任务情况(60分)	能否正确判断误差类型(20分)			
	能否进行测量误差的计算(20分)			
	能否正确进行准确度的计算(20分)			
协作能力(10分)	与同组成员交流讨论解决不太清楚的问题			
总评	好(85~100分),较好(70~84分),一般(少于70分)			

项目三

检测电路基本知识

任务引入

完成 Pt100 检测电路的设计。

学习目标

1. 掌握检测电路的作用和对检测电路的要求。
2. 能够根据需要正确选用检测电路。

学习准备

资料：搜集检测和转换电路实例及 Pt100 的技术资料。

任务一　明确检测电路的作用

知识准备

1. 检测和转换电路的作用

完成传感器输出信号处理的各种接口电路统称为传感器检测电路。传感器检测电路利用传感器把被测量信息捡取出来，并转换成测量仪表或仪器所能接收的信号，再进行测量以确定量值；或转换成执行器所能接收的信号，实现对被测物理量的控制。

2. 对检测和转换电路的要求

（1）尽可能提高包括传感器和接口电路在内的整体效率，为了不影响或尽可能少地影响被测对象本来的状态，要求从被测对象上获得的能量越小越好。

（2）具有一定的信号处理能力。

（3）提供传感器所需要的驱动电源。

（4）尽可能完善抗干扰和抗高压冲击保护机制。这种机制包括输入端的保护、前后级电路隔离、模拟和数字滤波等。

任务实施

列举实际电路说明检测和转换电路的作用。

任务二　选用检测和转换电路

知识准备

传感器输出的信号有电阻、电感、电荷和电压等多样形式，输出信号微弱，动态范围宽，且传感器的输出阻抗较高，因此，传感器的输出信号会产生较大的衰减，易受环境因素的影响，不易检测。根据传感器输出信号的不同特点，应采取不同的处理方法，传感器信号的处理主要由检测和转换电路来完成。典型的检测和转换电路主要包括以下几种。

1. 阻抗匹配器

传感器输出阻抗都比较高，为防止信号的衰减，常常采用高输入阻抗的阻抗匹配器作为传感器输入测量系统的前置电路。常用的阻抗匹配器有半导体管阻抗匹配器、场效应管阻抗匹配器、运算放大器阻抗匹配器。半导体管阻抗匹配器实际上是一个半导体管共集电极电路，又称为射极输出器。场效应管是一种电平驱动元件，栅漏极间电流很小，其输入阻抗高达 10^{12} Ω，可作阻抗匹配器。

2. 电桥电路

电桥电路是传感器检测电路中经常使用的电路，主要用来把传感器的电阻、电容、电感变化转换为电压或电流。电桥电路分直流电桥电路和交流电桥电路。

1）直流电桥

直流电桥的基本电路如图 1-2 所示。它是由直流电源供电的电桥电路，电阻构成桥式电

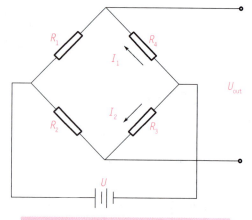

图 1-2　直流电桥的基本电路

路的桥臂，桥路的一对角线是输出端，一般接有高输入阻抗的放大器。在电桥的另一对角线节点上加有直流电压。

电桥的输出电压为

$$U_{out} = \frac{U(R_2R_4 - R_1R_3)}{(R_1+R_4)(R_2+R_3)} \tag{1-7}$$

电桥的平衡条件为

$$R_2R_4 = R_1R_3$$

当电桥平衡时，输出电压为零。

当电桥四个臂的电阻发生变化而产生增量时，电桥的平衡被打破，此时电桥的输出电压为

$$U_{out} = \frac{R_1R_4U}{(R_1+R_4)^2}\left(\frac{\Delta R_4}{R_4} - \frac{\Delta R_3}{R_3} + \frac{\Delta R_2}{R_2} - \frac{\Delta R_1}{R_1}\right) \tag{1-8}$$

若取 $a = \dfrac{R_4}{R_1} = \dfrac{R_3}{R_2}$，则

$$U_{out} = \frac{aU}{(1+a)^2}\left(\frac{\Delta R_4}{R_4} - \frac{\Delta R_3}{R_3} + \frac{\Delta R_2}{R_2} - \frac{\Delta R_1}{R_1}\right) \tag{1-9}$$

当 $a = 1$ 时，输出灵敏度度最大，此时

$$U_{out} = \frac{U}{4}\left(\frac{\Delta R_4}{R_4} - \frac{\Delta R_3}{R_3} + \frac{\Delta R_2}{R_2} - \frac{\Delta R_1}{R_1}\right) \tag{1-10}$$

如果 $R_1 = R_2 = R_3 = R_4$，则电桥电路被称为四等臂电桥，此时输出灵敏度最高，而非线性误差最小，因此在传感器的实际应用中多采用四等臂电桥。

2) 交流电桥

电感式传感器配用的交流电桥如图 1-3 所示。其中 Z_1 和 Z_2 为阻抗元件，它们可以同时为电感或电容，电桥两臂为差动方式，又称为差动交流电桥。在初始状态时，$Z_1 = Z_2 = Z_0$，电桥平衡，输出电压 $U_{out} = 0$。

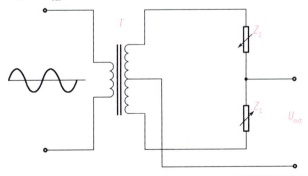

图 1-3　电感式传感器配用的交流电桥

测量时一个元件的阻抗增加，另一个元件的阻抗减小，假设 $Z_1 = Z_0 + \Delta Z$，$Z_2 = Z_0 - \Delta Z$，

则电桥的输出电压为

$$U_{out} = \left(\frac{Z_0 + \Delta Z}{2Z_0} - \frac{1}{2}\right)U = \frac{\Delta Z}{2Z_0}U \tag{1-11}$$

3. 放大电路

传感器的输出信号一般比较微弱,因而在大多数情况下都需要放大电路。除特殊情况外,目前检测系统中的放大电路一般都采用运算放大器构成。

1) 反相放大器

图 1-4(a)所示为反相放大器的基本电路。反相放大器的输出电压为

$$U_{out} = -\frac{R_F}{R_1}U_{in} \tag{1-12}$$

反相放大器的工作原理演示

2) 同相放大器

图 1-4(b)所示为同相放大器的基本电路。同相放大器的输出电压为

$$U_{out} = \left(1 + \frac{R_F}{R_1}\right)U_{in} \tag{1-13}$$

同相放大器的工作原理演示

同相放大器的输出电压与输入电压同相,而且其绝对值也比反相放大器多 1。

3) 差动放大器

图 1-4(c)所示为差动放大器的基本电路。差动放大器的输出电压为

$$U_{out} = \frac{R_F}{R_1}(U_2 - U_1) \tag{1-14}$$

差动放大器最突出的优点是能够抑制共模信号。

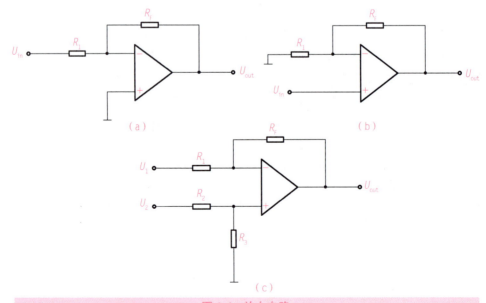

图 1-4 放大电路

(a)反相放大器;(b)同相放大器;(c)差动放大器

4. 电荷放大器

压电式传感器输出的信号是电荷量的变化，配上适当的电容后，输出电压可高达几十伏到数百伏，但信号功率很小，信号源的内阻很大。因此，压电式传感器使用的放大器应采用输入阻抗高、输出阻抗低的电荷放大器。

电荷放大器是一种带电容负反馈的高输入阻抗、高放大倍数的运算放大器。图 1-5 所示为用于压电传感器的电荷放大器的等效电路。

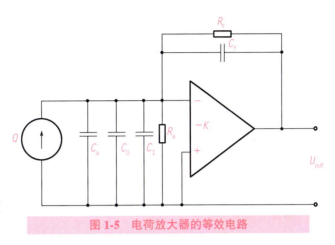

图 1-5　电荷放大器的等效电路

忽略较高的输入电阻后，电荷放大器的输出电压为

$$U_{out} = \frac{-QK}{C_a + C_0 + C_1 + (1+K)C_f} \qquad (1\text{-}15)$$

由于 K 值很大，故 $(1+K)C_f \gg C_a + C_0 + C_1$，则式（1-15）可以简化为

$$U_{out} = \frac{-QK}{(1+K)C_f} \approx -\frac{Q}{C_f} \qquad (1\text{-}16)$$

电荷放大器输出电压 U_{out} 只与电荷 Q 和反馈电容 C_f 有关，而与传输电缆的分布电容无关。但是，测量精度却与配接电缆的分布电容 C_0 有关。

5. 传感器与放大电路配接的示例

图 1-6 所示为应变片式传感器与测量电桥配接的放大电路。应变片式传感器作为电桥的一个桥臂，在电桥的输出端接入一个输入阻抗高、共模抑制作用好的放大电路。当被测物理量引起应变片电阻变化时，电桥的输出电压也随之改变，以实现被测物理量与电压之间的转换。

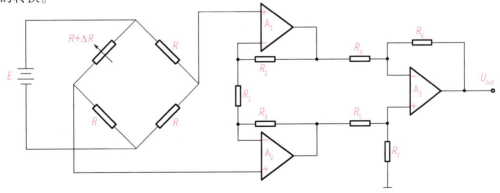

图 1-6　应变片式传感器与测量电桥配接的放大电路

6. 噪声的抑制

在非电量的检测及控制系统中，往往混入一些噪声干扰信号，它们会使测量结果产生很大的误差，这些误差将导致控制程序的紊乱，从而造成控制系统中的执行机构产生错误动作。因此，在传感器信号处理中，噪声的抑制是非常重要的。

1）噪声产生的根源

 ➡ 由内部带电微粒的无规则运动产生。

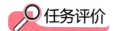 ➡ 由传感器检测系统外部人为或自然干扰造成。

2）噪声的抑制方法

(1) 选用质量好的元器件。
(2) 屏蔽。
(3) 接地。
(4) 隔离。
(5) 滤波。

任务实施

完成Pt100检测电路的设计。

任务评价

任务评价见表1-4。

表1-4　任务评价

评价项目	评价内容	自评	互评	师评
学习态度(10分)	能否认真完成教师布置的各项任务			
学习方法(10分)	能否按教师的引导进行学习			
完成任务情况(70分)	能否明确检测电路的作用(20分)			
	是否掌握常用检测和转换电路的工作原理(20分)			
	能否完成Pt100检测电路的设计(30分)			
协作能力(10分)	与同组成员交流讨论解决不太清楚的问题			
总评	好(85~100分)，较好(70~84分)，一般(少于70分)			

课后习题

一、填空题

1. 传感器就是利用物理、化学或生物效应，把被测的_____、_____、_____等非电量转换为电量的器件或装置。
2. 传感器一般由_____、_____和_____三部分组成
3. 传感器的基本特性主要分为_____和_____。
4. 传感器测量范围的上限值与下限值的_____，称为量程。
5. _____与_____之间的差值称为测量误差。
6. 根据产生测量误差的原因，可以将测量误差分为_____、_____和_____三大类。
7. 测量误差的表示形式有_____和_____两种。
8. 完成传感器输出信号处理的各种_____统称为传感器检测电路。
9. 传感器输出的信号有_____、_____、_____和_____等多样形式。
10. 电桥电路分_____和_____。

二、选择题

1. 将温度量转换为电量的原理是(　　)
   A. 物理效应　　　B. 化学效应　　　C. 生物效应　　　D. 电磁效应
2. 衡量传感器静态特性的主要指标有(　　)
   (1)线性度 (2)迟滞 (3)重复性 (4)分辨率 (5)稳定性 (6)温度稳定性 (7)各种抗干扰稳定性
   A. (1)(2)(3)(6)(7)　　　　　　　　B. (1)(4)(5)(6)(7)
   C. (4)(5)(6)(7)　　　　　　　　　D. (1)(2)(3)(4)(5)(6)(7)
3. 传感器输出的变化量Δy与引起该变化量的输入变化量Δx之比即为(　　)
   A. 迟滞　　　B. 灵敏度　　　C. 重复性　　　D. 分辨率
4. 是指传感器能检测到的最小的输入增量
   A. 迟滞　　　B. 灵敏度　　　C. 重复性　　　D. 分辨率
5. 下列选项中，(　　)属于传感器的静态特性。
   A. 频率特性　　　B. 重复性　　　C. 传递函数

三、判断题

1. 按被测量分类，可分为电阻式、电容式、电感式、光电式、光栅式、热电式、压电式、红外、光纤、超声波、激光传感器等。(　　)

2. 系统误差表征测量准确度。　　　　　　　　　　　　　（　）

3. 偶然误差又称随机误差，通常用准确度表征随机误差的大小。（　）

4. 根据被测量与时间的关系测量误差分为静态误差和动态误差。（　）

5. 测量值 A_x 与被测量真值 A_0 之间的差值，称为绝对误差。（　）

6. 绝对误差就是误差的绝对值。　　　　　　　　　　　　　（　）

7. 满度（引用）相对误差等于绝对误差与示值的百分比。　　（　）

8. 传感器输出阻抗都比较高，为防止信号的衰减，常用低输入阻抗的阻抗匹配器作为传感器输入到测量系统的前置电路。（　）

9. 目前检测系统中的放大电路，除特殊情况外，一般都采用共发射极放大电路。
　　　　　　　　　　　　　　　　　　　　　　　　　　　（　）

10. 对于直流电桥电路，当电桥平衡时，输出电压为零。　　（　）

四、简答题

1. 什么是静态特性？表征静态特性的参数有哪些？
2. 传感器的发展趋势是什么？
3. 什么是系统误差？
4. 什么是偶然误差？
5. 对传感检测电路有哪些要求？

五、计算题

若用量程为 10 V 的电压表去测量实际值为 8 V 电流，若仪表读数为 8.1V，试求其绝对误差和相对误差各为多少？

模块二

温度传感器的应用

模块学习目标

1. 掌握温度传感器的类型、特性、主要参数和选用方法。
2. 能够熟练对温度传感器进行检测。
3. 能够正确安装、使用温度传感器。
4. 能够分析温度传感器的信号检测和转换电路的工作原理，并能进行熟练调试。
5. 树立"工匠精神"的价值体系，助推中国制造强国之梦，实现知识传授与价值引领的有机统一。

大国重器·布局海洋

温度传感器的应用：
电熨斗和电饭锅

模块二 温度传感器的应用

项目一

热敏电阻在冰箱温度控制中的应用

任务引入

利用热敏电阻制作和调试冰箱温度测量电路，测温范围为 $-10\ ℃ \sim 30\ ℃$ 时误差不大于 $1\ ℃$。

学习目标

1. 能够根据热敏电阻温度传感器的特性正确选用热敏电阻。
2. 能够识别和检测热敏电阻的质量。
3. 能够分析热敏电阻测温电路的信号检测和转换电路的工作原理。
4. 掌握温度表测温电路的调试方法。

学习准备

工具：电烙铁、镊子、偏口钳、螺丝刀等常用电子装接工具。
仪器、仪表：稳压电源、万用表、水银温度计。
元器件、材料：如表2-1所示的元器件、材料。

表2-1 元器件、材料清单

序号	名称	型号	单位	数量
1	热敏电阻	NTC型 10 kΩ	个	1
2	集成运算放大器	LM358	个	1
3	微调电位器	5 kΩ	个	2
4	电压表头	5 V	个	1
5	电阻	20 kΩ	个	2

续表

序号	名称	型号	单位	数量
6	电阻	10 kΩ	个	2
7	电阻	51 kΩ	个	2
8	电阻	200 kΩ	个	2
9	盛水容器	大于 1 L	个	1
10	焊锡丝		m	1
11	电路板或面包板	75 mm×150 mm	块	
12	导线		m	2
13	松香		盒	1

任务一　热敏电阻的识别、检测和选用

知识准备

1. 热敏电阻的特性

热敏电阻由金属氧化物或陶瓷半导体材料经成型、烧结等工艺制成或由碳化硅材料制成。按其特性可分为两类，一类是其阻值随温度升高而增大，称为正温度系数热敏电阻（PTC）；另一类是其阻值随温度升高而减小，称为负温度系数热敏电阻（NTC）。

NTC 热敏电阻的阻值 R 与温度 T 之间的关系为

$$R_t = R_0^3 \exp\left(\frac{B}{T} - \frac{1}{T_0}\right) \tag{2-1}$$

式中：R_0——热力学温度为 T_0 时的电阻值；

B——常数，一般为 3 000～5 000。

不同型号的 NTC 热敏电阻（见图 2-1），其测温范围也不同，一般为 −50 ℃～300 ℃。

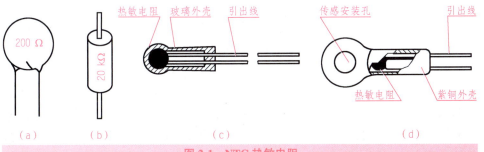

图 2-1　NTC 热敏电阻

(a)圆片形热敏电阻；(b)柱形热敏电阻；(c)珠形热敏电阻；(d)铠装形热敏电阻

从图 2-2 所示的热敏电阻的温度特性曲线可以看到电阻-温度曲线是非线性的。

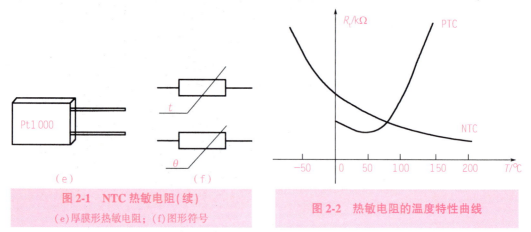

(e) 厚膜形热敏电阻; (f) 图形符号

图 2-1 NTC 热敏电阻(续)

图 2-2 热敏电阻的温度特性曲线

2. 热敏电阻温度传感器的特点

优点 ➡ 灵敏度高(即温度每变化 1 ℃ 时，电阻值的变化量较大)，价格低廉。

缺点 ➡ ①线性度较差。突变型正温度系数热敏电阻 PTC 的线性度很差，通常作为开关器件用于温度开关、限流或加热元件。负温度系数热敏电阻 NTC 采取工艺措施后线性有所改善，在一定温度范围内可近似为线性，用作温度传感器时可用于小温度范围内的低精度测量(如空调器、冰箱等)。

②互换性差。由于制造上的分散性，同一型号不同个体的热敏电阻，其特性不尽相同，R_0 相差 3%～5%，B 值相差 3% 左右。通常测试仪表和传感器由厂方配套调试，出厂后不可调换，互换性差。

③存在老化、阻值缓变现象。因此，以热敏电阻为传感器的温度仪表，一般每 2~3 年需要校验一次。

应用热敏电阻时，必须对它的几个比较重要的参数进行测试。一般来说，热敏电阻对温度的敏感性高，因此不宜用万用表来测量它的阻值。这是因为万用表的工作电流比较大，流过热敏电阻时会发热而使阻值改变。但用万用表可简易判断热敏电阻能否工作，具体检测方法如下：将万用表拨到欧姆挡(视标称电阻值确定挡位)，用鳄鱼夹代替表笔分别夹住热敏电阻的两个引脚，记下此时的阻值；然后用手捏住热敏电阻器，观察万用表示数，此时会看到显示的数据(指针会慢慢移动)随着温度的升高而改变，这表明电阻值在逐渐改变(负温度系数热敏电阻的阻值会变小,正温度系数热敏电阻的阻值会变大)。当阻值改变到一定数值时,显示数据(指针)会逐渐稳定。若环境温度接近体温,则不宜采用这种方法。这时可用电烙铁或者开水杯靠近或紧贴热敏电阻器进行加热,同样会看到阻值改变。这样,就可证明这只温度系数热敏电阻是好的。

用万用表检测负温度系数热敏电阻时,需要注意热敏电阻上的标称阻值与万用表的读数不一定相等。这是由于标称阻值是用专用仪器在 25 ℃的条件下测得的,而用万用表测量时有一定的电流通过热敏电阻器而产生热量,而且环境温度不一定正好是 25 ℃,因此不可避免地会产生误差。

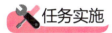

检测并记录热敏电阻的好坏。

任务二　热敏电阻式冰箱温度控制电路制作

热敏电阻式冰箱温度控制电路的制作可用万能电路板,也可用面包板或模块制作。

知识准备

1. 热敏电阻的选用

热敏电阻式冰箱温度控制电路中的热敏电阻选用 NTC 型 10 kΩ 热敏电阻。

2. 制作步骤、方法和工艺要求

(1)对照器件、材料清单清点元器件数量,检测 NTC 型 10 kΩ 热敏电阻的质量好坏。

(2)按照图 2-3 制作电路。集成电路 LM358 使用集成电路插座安装,集成电路插座焊好后再安装 LM358。每个元器件的摆放应以 LM358 为中心,靠近所连接的 LM358 管脚进行摆放。元器件摆放要整齐,连接导线要横平竖直,焊点要大小均匀、光亮且有光泽。

(3)将连接 NTC 型 10 kΩ 热敏电阻和电压表头的导线焊接到电路板上。

(4)NTC 型 10 kΩ 热敏电阻、电压表头通过连接导线进行连接。

(5)检查无误后进行通电调试。

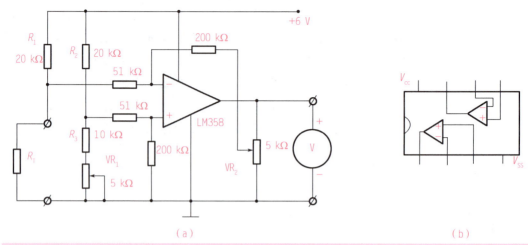

图 2-3　热敏电阻测温电路

(a)热敏电阻测温电路原理；(b)LM358 引脚

3. 焊接方法

1) 准备施焊

准备好焊锡丝和电烙铁，此时应特别强调的是，电烙铁头部要保持干净，即可以蘸上焊锡(俗称"吃锡")。

2) 加热焊件

将电烙铁接触焊接点，注意首先要保持电烙铁加热焊件各个部分，例如印制板上引线和焊盘都应加热，其次要注意让烙铁头的扁平部分(较大部分)接触热容量较大的焊件，烙铁头的侧面或边缘部分接触热容量较小的焊件，以保持焊件均匀受热。

3) 熔化焊料

当焊件加热到能熔化焊料的温度后，将焊锡丝置于焊点，焊料开始熔化并润湿焊点。

4) 移开焊锡

当熔化一定量的焊锡后将焊锡丝移开。

5) 移开电烙铁

当焊锡完全润湿焊点后移开电烙铁，注意移开电烙铁的方向应该是大致 45° 的方向。

4. 焊接注意事项

(1) 选用合适的焊锡，应选用焊接电子元件用的低熔点焊锡丝。

(2) 助焊剂，用 25% 的松香溶解在 75% 的乙醇溶液(质量比)中作为助焊剂。

(3) 电烙铁使用前要上锡，具体方法是：将电烙铁烧热，待刚刚能熔化焊锡时，涂上助焊剂，再将焊锡均匀地涂在烙铁头上，使烙铁头均匀地涂上一层焊锡。

电烙铁的使用方法

(4)焊接方法,把焊盘和元件的引脚用细砂纸打磨干净,涂上助焊剂。用烙铁头蘸取适量焊锡,接触焊点,待焊点上的焊锡全部熔化并浸没元件引线头后,烙铁头沿着元器件的引脚轻轻往上一提离开焊点。

(5)焊接时间不宜过长,否则容易烫坏元件,必要时可用镊子夹住管脚帮助散热。

(6)焊点应呈正弦波峰形状,表面应光亮圆滑,无锡刺,锡量适中。

(7)焊接完成后,要用乙醇溶液把线路板上残余的助焊剂清洗干净,以防炭化后的助焊剂影响电路正常工作。

(8)集成电路应最后焊接,电烙铁要可靠接地,或断电后利用余热焊接;或者使用集成电路专用插座,焊好插座后再把集成电路插上去。

5. NTC 热敏电阻使用时的注意事项

(1)NTC 热敏电阻是按不同用途分别进行设计的,不能用于规定以外的用途。

(2)设计设备时,需进行 NTC 热敏电阻贴装评估试验,确认无异常后再使用。

(3)请勿在过高的功率下使用 NTC 热敏电阻。

(4)由于自身发热导致电阻值下降时,可能会引起温度检测精度降低、设备功能故障,故使用时请参考散热系数,注意 NTC 热敏电阻的外加功率及电压。

(5)请勿在使用温度范围以外使用 NTC 热敏电阻。

(6)请勿施加超出使用温度范围上下限的急剧变化温度。

(7)将 NTC 热敏电阻作为装置的主控制元件单独使用时,为防止事故发生,请务必采取"设置安全电路""同时使用具有同等功能的 NTC 热敏电阻"等周密的安全措施。

(8)在有噪声的环境中使用时,请采取设置保护电路及屏蔽 NTC 热敏电阻(包括导线)的措施。

(9)在高湿环境下使用护套型 NTC 热敏电阻时,应采取仅护套头部暴露于环境(水中、湿气中),而护套开口部不会直接接触到水及蒸气的设计。

(10)请勿施加过度的振动、冲击及压力。

(11)请勿过度拉伸及弯曲导线。

(12)请勿在绝缘部和电极间施加过大的电压,否则可能会产生绝缘不良现象。

(13)配线时应确保导线端部(含连接器)不会渗入水、蒸气、电解质等,否则会造成接触不良。

(14)请勿在腐蚀性气体的环境(Cl_2、NH_3、SO_x、NO_x)以及会接触到电解质、盐、酸、碱、有机溶剂的场所中使用。

(15)金属腐蚀可能会造成设备功能故障,故在选择材质时,应确保金属护套型及螺钉紧固型 NTC 热敏电阻与安装的金属件之间不会产生接触电位差。

任务实施

按图 2-3 将电路焊接在试验板上,认真检查电路,正确无误后接好热敏电阻和电压表头。

任务三　热敏电阻式冰箱温度控制电路调试

知识准备

由固定电阻 R_1、R_2，热敏电阻 R_T 及 R_3+VR_1 构成测温电桥，把温度的变化转化成微弱的电压变化，再由集成运算放大器 LM358 进行差动放大运算，放大器的输出端接 5 V 的直流电压表头用来显示温度值。电阻 R_1 与热敏电阻 R_T 的节点接运算放大器的反相输入端，当被测温度升高时，该点电位降低，运算放大器输出电压升高，表头指针偏转角度增大，以指示较高的温度值。反之，当被测温度降低时，表头指针偏转角度减小，以指示较低的温度值。

VR_1 用于调零，VR_2 用于调节放大器的增益即分度值。调试步骤如下：

（1）准备盛水容器、冷水、60 ℃以上热水、水银温度计、搅棒等。把传感器和水银温度计放入盛水容器中，并接通电路电源。加入冷水和热水不断搅动，通过调节冷、热水的比例使水温为 20 ℃。调节电路的 VR_1 使表头指针正向偏转，然后回调 VR_1 使指针返回，指针刚刚指到零刻度上时停止调节（表头指示的起点定为 20 ℃）。

（2）容器中加热水和冷水不断搅动，把水温调整到 30 ℃，通过调节电路的 VR_2 使表头指针指在 5 V 刻度上。

（3）重复（1）、（2）步骤 2~3 次即可调试完成。电压表头指示的电压值乘 2 再加 20 就等于所测温度。

（4）检验 20 ℃~30 ℃内的任一温度点，水银温度计的读数与指针式温度表的读数是否一致，误差应不大于±1 ℃。

> **注意：**
> 调试过程中要不断搅动以使传感器与水银温度计感受同一温度，同时要等水银温度计的读数稳定后再调试电路。由于热敏电阻是一个电阻，电流流过它时会产生一定的热量，因此设计电路时应确保流过热敏电阻的电流不能太大，以防止热敏电阻自热过度，否则系统测量的是热敏电阻发出的热量的温度而不是被测介质的温度。

任务实施

按照上述步骤进行电路调试，并将结果填在表 2-2 内。

项目一　热敏电阻在冰箱温度控制中的应用

表2-2　试验参数记录

次　　数	水银温度计示数	电压表指针示数	误　　差
第一次			
第二次			
第三次			
第四次			

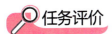任务评价

任务评价见表2-3。

表2-3　任务评价

评价项目	评价内容	自评	互评	师评
学习态度(10分)	能否认真观察试验现象及完成任务			
安全意识(10分)	是否注意保护所用仪表、仪器			
完成任务情况(70分)	是否了解热敏电阻是如何测温度的(20分)			
	是否能够进行热敏元件的检测(10分)			
	是否能够正确制作测温电路(20分)			
	是否掌握观测温度变化的方法(20分)			
协作能力(10分)	与同组成员交流讨论解决不太清楚的问题			
总评	好(85~100分)，较好(70~84分)，一般(少于70分)			

项目二

PN 结温度传感器在温室大棚中的应用

任务引入

利用 PN 结温度传感器制作和调试温室大棚温度测量电路,测温范围为 −40 ℃ ~ 50 ℃ 时误差不大于 1 ℃。

学习目标

1. 能够根据 PN 结温度传感器的特性正确选用 PN 结温度传感器。
2. 能够识别和检测 PN 结温度传感器的质量。
3. 能够分析 PN 结温度传感器测温电路的信号检测和转换电路的工作原理。
4. 掌握 PN 结温度传感器应用电路的调试方法。

学习准备

工具:电烙铁、镊子、偏口钳、螺丝刀等常用电子装接工具。

仪器、仪表:稳压电源、万用表、水银温度计。

元器件、材料:如表 2-4 所示的元器件、材料。

表 2-4 元器件、材料清单

序号	名称	型号	单位	数量
1	PN 结温度传感器	2DWM1 型	个	1
2	集成运算放大器	LM358	个	1
3	微调电位器	5 kΩ	个	2
4	电压表头	5 V	个	1
5	电阻	20 kΩ	个	2
6	电阻	10 kΩ	个	2

续表

序号	名称	型号	单位	数量
7	电阻	51 kΩ	个	2
8	电阻	200 kΩ	个	2
9	盛水容器	大于 1 L	个	1
10	焊锡丝		m	1
11	电路板或面包板	75 mm×150 mm	块	
12	导线		m	2
13	松香		盒	1

任务一　PN 结温度传感器的识别、检测和选用

知识准备

PN 结

　　PN 结温度传感器是利用 PN 结的电压随温度呈近似线性变化这一特性实现对温度的检测、控制和补偿等功能。可直接用半导体二极管或将半导体三极管接成二极管(将三极管的集电极与基极短接，利用 BE 结作为感温器件)做成 PN 结温度传感器。这种传感器的测温范围为－50 ℃～150 ℃。与其他温度传感器相比有较好的线性度，且尺寸小、响应快、灵敏度高、热时间常数小，因此应用较广。

　　例如，硅管的 PN 结的电压在温度每升高 1 ℃时，下降约 2 mV(而一般热电偶的温度灵敏度仅为 3～50 μV/℃)，在一定的电流下，PN 结的正向电压与温度之间的线性关系更接近理论推导值。例如，砷化镓和硅温敏二极管在 1 K～400 K 内的温度特性表现为良好的线性度。

1. 温敏二极管的基本特性

　　对于不同的工作电流，温敏二极管的基本特性，即 U_F-T 关系是不同的；但是 U_F-T 之间总是呈线性关系。如图 2-4 所示的 2DWM1 型温敏二极管，在恒流下，U_F-T 在－50 ℃～150 ℃内呈很好的线性关系。

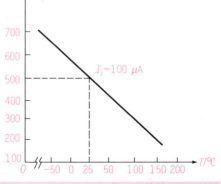

图 2-4　2DWM1 型温敏二极管的 U_F-T 特性

　　温敏三极管，晶体管发射极上的正向电压随温度上升而近似线性下降，这种特性与二极管十分相似。晶体管的 T-U_{BE} 关系比二极

管的 T-U 关系更符合理想情况，所以表现出更好的电压-温度线性关系。

2. PN 结温度传感器的特点

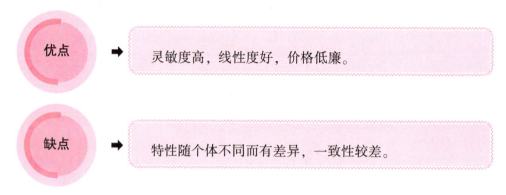

优点 ➡ 灵敏度高，线性度好，价格低廉。

缺点 ➡ 特性随个体不同而有差异，一致性较差。

3. PN 结温度传感器的检测方法

检测温敏二极管的极性可以通过二极管管脚的长短进行判断，长脚为正极，短脚为负极；若管脚已做处理，不能直观判断，可以选用 MF10 型万用表，将其挡位开关拨到欧姆挡 $R×100$，用鳄鱼夹代替表笔分别夹住温敏二极管的两引脚，若测得阻值一大一小，则管子是正常的。阻值小的那只，黑色表笔接的是温敏二极管的正极，红色表笔接的是温敏二极管的负极。在环境温度明显低于体温时进行读数，用手捏住热敏二极管，可看到表针指示的阻值逐渐减小，松开手后，阻值加大，逐渐复原，这样的热敏二极管可以选用(最高工作温度为 100 ℃ 左右)。

任务实施

检测并记录 PN 结温度传感器的质量好坏。

任务二　PN 结温度传感器式温度表电路制作

PN 结温度传感器式温度表电路的制作可用万能电路板，也可用面包板或模块。

知识准备

1. PN 结温度传感器的选用

PN 结温度传感器式温度表电路中的 PN 结温度传感器选用 2DWM1 型温敏二极管。

2. 制作步骤、方法和工艺要求

(1)对照元器件清单清点元器件数量，检测 2DWM1 型温敏二极管 VD 的质量好坏。

(2)按照图 2-5 制作电路。集成电路 LM358 使用集成电路插座安装,集成电路插座焊好后再安装 LM358。每个元器件摆放应以 LM358 为中心,靠近所连接的 LM358 管脚进行摆放。元器件摆放要整齐,连接导线要横平竖直,焊点要大小均匀、圆滑且有光泽。

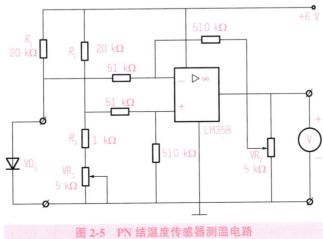

图 2-5　PN 结温度传感器测温电路

(3)将连接 2DWM1 型温敏二极管 VD 和电压表头的导线焊接到电路板上。

(4)2DWM1 型温敏二极管 VD、电压表头通过连接导线进行连接。

(5)检查无误后进行通电调试。

3. PN 结温度传感器的使用注意事项

(1)PN 结温度传感器是有极性的,有正、负之分。

(2)流过 PN 结温度传感器的电流可选用 100 μA 左右。

(3)PN 结温度传感器在 0 ℃时的输出电压不是 0,而是 700 mV 左右,并随着温度的升高而降低。

(4)PN 结温度传感器在常温区使用(-50 ℃~200 ℃)时,温度范围的选取应按实际需要来确定。

(5)PN 结温度传感器的输出信号较大,约为 2 mV/℃,因此可依据实际应用情况判断是否要加放大电路。

任务实施

按图 2-4 将电路焊接在试验板上,认真检查电路,正确无误后接好 PN 结温度传感器和电压表头。

模块二 温度传感器的应用

任务三 PN结温度传感器式温度表电路调试

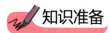知识准备

由固定电阻 R_1、R_2，温敏二极管 VD_1 及 R_3+VR_1 构成测温电桥，把温度的变化转化成微弱的电压变化，再由集成运算放大器 LM358 进行差动放大，集成运算放大器的输出端接 5 V 的直流电压表头用来显示温度值。电阻 R_1 与温敏二极管 VD_1 的节点接运算放大器的反相输入端，当被测温度升高时，该点电位降低，运算放大器输出电压升高，表头指针偏转角度增大，以指示较高的温度值。反之，当被测温度降低时，表头指针偏转角度减小，以指示较低的温度值。

VR_1 用于调零，VR_2 用于调节放大器的增益即分度值。调试步骤如下：

(1)准备盛水容器、冷水、60 ℃以上热水、水银温度计、搅棒等。把做好防水措施的温敏二极管和水银温度计放入盛水容器中接通电路电源。加入冷水和热水不断搅动，通过调节冷、热水的比例使水温为 20 ℃。调节电路的 VR_1 使表头指针正向偏转，然后回调 VR_1 使指针返回，指针刚刚指到零刻度上时停止调节(表头指示的起点定为 20 ℃)。

(2)容器中加热水和冷水不断搅动把水温调整到 30 ℃，通过调节电路的 VR_2 使表头指针指在 5 V 刻度上。

(3)重复(1)、(2)步骤 2~3 次即可调试完成。电压表头指示的电压值乘 2 再加 20 就等于所测温度。

(4)检验 20 ℃~30 ℃内的任一温度点，水银温度计的读数与指针式温度表的读数是否一致，误差应不大于 ±1 ℃。

任务实施

按照上述步骤进行电路调试，并将结果填在表 2-5 内。

表 2-5 试验参数记录

次 数	水银温度计示数	电压表指针示数	误 差
第一次			
第二次			
第三次			
第四次			

任务评价

任务评价见表2-6。

表2-6 任务评价

评价项目	评价内容	自评	互评	师评
学习态度(10分)	能否认真观察试验现象及完成任务			
安全意识(10分)	是否注意保护所用仪表、仪器			
完成任务情况(70分)	是否了解PN结温度传感器是如何测温度的(20分)			
	是否能够进行PN结温度传感器的检测(10分)			
	是否能够正确制作测温电路(20分)			
	是否掌握观测温度变化的方法(20分)			
协作能力(10分)	与同组成员交流讨论解决不太清楚的问题			
总评	好(85~100分),较好(70~84分),一般(少于70分)			

项目三

热电偶在输油管道温度测量中的应用

任务引入

利用热电偶制作和调试温度表电路,测温范围为-50 ℃~100 ℃时误差不大于1 ℃。

学习目标

1. 能够根据热电偶温度传感器的特性正确选用热电偶。
2. 能够识别和检测热电偶的质量。
3. 能够分析热电偶测温电路的信号检测和转换电路的工作原理。
4. 掌握温度表测温电路的调试方法。

学习准备

工具:电烙铁、镊子、偏口钳、螺丝刀等常用电子装接工具。
仪器、仪表:稳压电源、万用表、水银温度计。
元器件、材料:如表2-7所示的元器件、材料。

表2-7 元器件、材料清单

序号	名称	型号	单位	数量
1	热电偶	铜-康铜	个	1
2	集成运算放大器	LM324	个	2
3	微调电位器	500 Ω	个	1
4	电压表头	5 V	个	1
5	电阻	10 kΩ	个	2
6	电阻	9.1 kΩ	个	2

续表

序号	名称	型号	单位	数量
7	电阻	100 kΩ	个	1
8	电阻	200 kΩ	个	1
9	电容	0.1 μF	个	2
10	盛水容器	大于 1 L	个	1
11	焊锡丝		m	1
12	电路板或面包板	75 mm×150 mm	块	1
13	导线		m	2
14	松香		盒	1

任务一　热电偶的识别、检测和选用

热电偶的实物如图 2-6 所示。

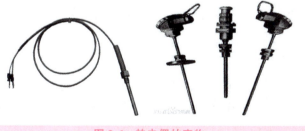

热电阻与热电偶的区别

图 2-6　热电偶的实物

1. 热电偶的组成及原理

两种不同材料的导体（或半导体）A 与 B 的两端分别连接形成闭合回路，就构成了热电偶，如图 2-7 所示。

当两接点分别放置在不同的温度 T 和 T_0 时，则在电路中会产生热电动势，形成回路电流。这种现象称为赛贝克效应，或称为热电效应。产生的热电动势由两个节点的接触电动势和同一导体的温差电动势两部分组成，但因在热电偶闭合回路中两个温差电动势相互抵消，故热电动势就等于接

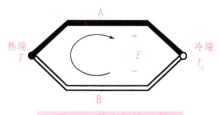

图 2-7　热电偶的组成

触电动势 $E(T, T_0)$。热电动势 E 的大小随 T 和 T_0 的变化而变化，三者之间具有确定的函数关系，因而测得热电动势的大小就可以推算出被测温度。热电偶就是基于这一原理来测温的。热电偶通常用于高温测量，被测温度介质中的一端(温度为 T)称为热端或工作端；另一端(温度为 T_0)称为冷端或自由端，冷端通过导线与温度指示仪表相连。根据热电动势与温度的函数关系制成热电偶分度表，分度表是自由端温度在 0 ℃ 的条件下得到的，不同的热电偶具有不同的分度表。热电偶两个导体(或称热电极)的选材不仅要求热电动势大，以提高灵敏度，还要具有较好的热稳定性和化学稳定性。常用的热电偶有铂铑—铂、铜—铜镍、镍铬—镍硅等。

2. 关于热电偶的三个基本定律

1) 均质导体定律

由同一种均质导体(或半导体)两端焊接组成闭合回路，无论导体截面如何及温度如何分布，将不产生接触电动势，温差电动势相互抵消，回路中总电动势为零。可见，热电偶必须由两种不同的均质导体或半导体构成。若热电极的材料不均匀，由于温度梯度存在，将会产生附加热电动势。

2) 中间温度定律

热电偶回路两节点(温度为 T、T_0)间的热电动势，等于热电偶在温度为 T、T_1 时的热电动势与温度为 T_1、T_0 时的热电动势的代数和。T_1 称为中间温度。由于热电偶 E-T 之间通常呈非线性关系，当冷端温度不为 0 ℃ 时，不能利用已知回路实际热电动势 $E(T, T_0)$ 直接查表求取热端温度值；也不能利用已知回路实际热电动势 $E(T, T_0)$ 查表得到温度值后，再加上冷端温度来求得热端被测温度值，必须按中间温度定律进行修正。

3) 中间导体定律

在热电偶回路中接入中间导体(第三导体 C)，只要中间导体两端温度相同(均为 T_1)，则中间导体的引入对热电偶回路总电动势没有影响。

依据中间导体定律，在热电偶实际测温应用中，常采用将热端焊接、冷端断开后连接的导线与温度指示仪表连接构成测温回路，如图 2-8 所示。

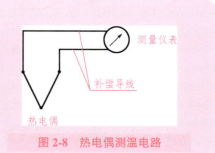

图 2-8 热电偶测温电路

3. 热电偶的特性

当热电偶的热端温度为 T、冷端温度为 T_1 时，构成热电偶的两个导体 A、B 之间的热电动势 E 为

$$E = [k(T-T_1)/e]\ln(N_A - N_B)$$

式中：k——玻耳兹曼常量；

N_A、N_B——导体 A、B 的电子密度。

可见,热电动势与热电偶热、冷端之间的温差成正比,与构成热电偶导体的材料有关,而与其粗细、长短无关。同时也可以看到,只有当冷端温度 $T_1=0$ ℃时,才能根据热电动势的大小确定热端温度 T,但实际上冷端的温度是随环境温度变化而变化的,因此实际应用中需对冷端进行温度补偿。

4. 热电偶的种类及结构形式

1) 热电偶的分类

常用热电偶 ➡ 常用热电偶可分为标准化和非标准化两大类。所谓标准化热电偶,是指国家标准规定了其热电动势与温度的关系、允许误差,并有统一的标准分度表的热电偶,有与其配套的显示仪表可供选用。非标准化热电偶在使用范围或数量级上均不及标准化热电偶,一般也没有统一的分度表,主要用于某些特殊场合的测量。

我国从1988年1月1日起,热电偶温度传感器和热电阻温度传感器全部按IEC国际标准生产,并指定S、B、E、K、R、J、T七种标准化热电偶为我国统一设计型热电偶温度传感器。

2) 热电偶的结构形式

热电偶的基本结构包括热电极、绝缘材料和保护管,并与显示仪表、记录仪表或计算机等配套使用。在现场使用中,根据环境、被测介质等多种因素研制成适合各种环境的热电偶。

热电偶 ➡ 热电偶简单分为装配式热电偶、铠装式热电偶和特殊形式的热电偶、按使用环境细分,有耐高温热电偶,耐磨热电偶,耐腐热电偶,耐高压热电偶,隔爆热电偶,铝液测温用热电偶,循环流化床用热电偶,水泥回转窑用热电偶,阳极焙烧炉用热电偶,高温热风炉用热电偶,汽化炉用热电偶,渗碳炉用热电偶,高温盐浴炉用热电偶,铜、铁及钢水用热电偶,抗氧化钨-铼热电偶,真空炉用热电偶等。

5. 热电偶温度传感器的特点

优点 ➡ ①测量精度高:因热电偶温度传感器直接与被测对象接触,故不受中间介质的影响。
②温度测量范围广:常用的热电偶温度传感器在-50 ℃~1 600 ℃均可连续测量,某些特殊热电偶最低可测到-269 ℃(如金-铁镍铬热电偶),最高可达2 800 ℃(如钨-铼热电偶)。
③性能可靠,机械强度高,使用寿命长,安装方便。

①灵敏度低。热电偶的灵敏度很低，如 K 型热电偶温度每变化 1 ℃时，电压变化只有大约 40 μV，因此对后续的信号放大电路要求较高。
②热电偶往往用贵金属制成，价格昂贵。

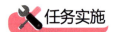

检测并记录热电偶的质量好坏。

任务二　热电偶式电路安装

1. 热电偶的安装方式

热电偶、热电阻的安装方式如图 2-9～图 2-11 所示。

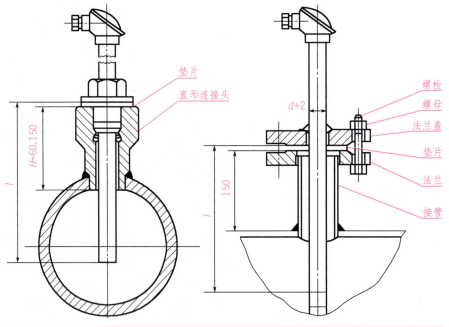

图 2-9　热电偶、热电阻在管道上垂直安装图

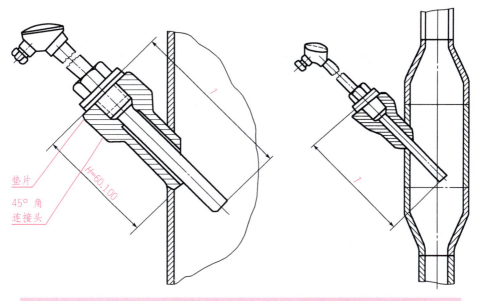

图 2-10　热电偶、热电阻在管道上斜 45°安装图

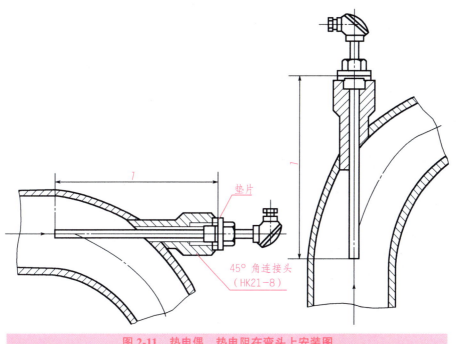

图 2-11　热电偶、热电阻在弯头上安装图

2. 电路制作

在实际测温中，冷端温度常随工作环境温度而变化，为了使热电动势与被测温度间呈单值函数关系，必须对冷端进行补偿。常用的补偿方法有以下几种。

（1）0 ℃恒温法：把热电偶的冷端放入装满冰水混合物的保温容器（0 ℃恒温槽）中，

使冷端保持 0 ℃。这种方法常在实验室条件下使用。

(2)硬件补偿法：热电偶在测温的同时，利用其他温度传感器(如 PN 结)检测热电偶的冷端温度，然后由差动运算放大器对两者温度对应的电动势或电压进行合成，输出被测温度对应的热电动势，再换算成被测温度。

(3)补偿导线法：由不同导体材料制成、在一定温度范围内(一般在 100 ℃ 以下)具有与所匹配的热电偶的热电动势的标称值相同的一对带绝缘层的导线叫作补偿导线。

3. 热电偶的选用

在输油管道温度测量电路中的热电偶选用铜-康铜热电偶。

4. 制作步骤、方法和工艺要求

(1)对照元器件清单清点元器件数量，检测铜—康铜热电偶的质量好坏。

(2)按照图 2-12 制作电路。集成电路 LM324 使用集成电路插座安装，集成电路插座焊好后再安装 LM324。每个元器件摆放应以 LM324 为中心，靠近所连接的 LM324 管脚进行摆放。元器件摆放要整齐，连接导线要横平竖直，焊点要大小均匀、圆滑且有光泽。

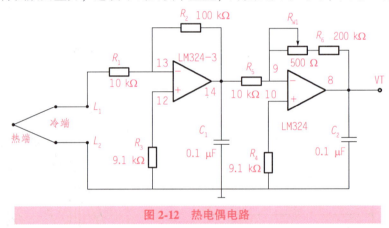

图 2-12 热电偶电路

(3)将连接铜—康铜热电偶和电压表头的导线焊接到电路板上。

(4)铜—康铜热电偶、电压表头通过连接导线进行连接。

(5)检查无误后进行通电调试。

5. 热电偶的使用注意事项

(1)为了简化测温电路，对冷端温度的补偿通常采用补偿导线法。

(2)当热电偶与指示仪表的两根导线选用相同的材料时，其作用只是把热电动势传递到控制室的仪表端子上，本身并不能消除冷端温度变化对测温的影响，故不起补偿作用。

(3)在工程实际中，两根导线采用不同材料的专门导线——补偿导线，使两根补偿导线构成新的热电动势补偿热电偶。

任务实施

按图 2-12 将电路焊接在实验板上，认真检查电路，正确无误后接好热电偶和电压表头。

任务三　热电偶式电路调试

知识准备

调试步骤如下：

（1）准备盛水容器、冷水、60 ℃以上热水、水银温度计、搅棒等。

（2）调节差动放大器调零旋钮，使电压表显示为零，记录下自备水银温度计的读数。

（3）加入热水，观察电压表显示值的变化，待显示值稳定不变时记录下电压表显示的读数 E。

（4）用水银温度计测出热电偶处的温度 T 并记录下来。

（5）根据热电偶的热电动势与温度之间的关系式：

$$E_{AB}(T, T_0) = E_{AB}(T, T_n) + E_{AB}(T_n, T_0)$$

式中：E_{AB}——导体 A、B 间的热电动势；

　　　T——热电偶的热端（工作端，即测温端）温度；

　　　T_n——热电偶的冷端（自由端，即热电动势输出端）温度，即室温，若室温为 20 ℃，即记为 T_{20}；

　　　T_0——0 ℃。

①热端温度为 T、冷端温度为室温时，热电势 $E_{AB}(T, T_n)$ = 电压表示数/差动放大器的放大倍数 $\times \dfrac{1}{100} \times \dfrac{1}{2}$（100 为差动放大器的放大倍数，2 表示两个热电偶串联）。

②热端温度为室温、冷端温度为 0 ℃，铜-康铜的热电动势 $E_{AB}(T_n, T_0)$：查所附的热电偶自由端为 0 ℃时的热电动势和温度的关系（即铜-康铜热电偶分度表），得到室温（温度计测得）时的热电动势。

③计算热端温度为 T、冷端温度为 0 ℃时的热电动势 $E_{AB}(T, T_0)$，根据计算结果，查分度表得到温度 T。

（6）热电偶测得温度值与自备温度计测得温度值进行比较。

任务实施

按照上述步骤进行电路调试，并将结果填在表 2-8 内。

模块二 温度传感器的应用

表 2-8 试验参数记录

室温时温度计示数：_____

次 数	水银温度计示数	电压表指针示数	查分度表得到温度 T	误 差
第一次				
第二次				
第三次				
第四次				

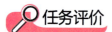

任务评价

任务评价见表 2-9。

表 2-9 任务评价

评价项目	评价内容	自评	互评	师评
学习态度(10分)	能否认真观察试验现象及完成任务			
安全意识(10分)	是否注意保护所用仪表、仪器			
完成任务情况(70分)	是否了解热电偶是如何测温度的(20分)			
	是否能够进行热电偶元件的检测(10分)			
	是否能够正确制作测温电路(20分)			
	是否掌握观测温度变化的方法(20分)			
协作能力(10分)	与同组成员交流讨论解决不太清楚的问题			
总评	好(85~100分)，较好(70~84分)，一般(少于70分)			

附表

铜—康铜热电偶分度表

温度/℃	0	1	2	3	4	5	6	7	8	9
					热电动势/mV					
−40	−1.475	−1.510	−1.544	−1.579	−1.614	−1.648	−1.682	−1.717	−1.751	−1.785
−30	−1.121	−1.157	−1.192	−1.228	−1.263	−1.299	−1.334	−1.370	−1.405	−1.440
−20	−0.757	−0.794	−0.830	−0.867	−0.903	−0.904	−0.976	−1.013	−1.049	−1.085
−10	−0.383	−0.421	−0.458	−0.495	−0.534	−0.571	−0.602	−0.646	−0.683	−0.720
0−	−0.000	−0.039	−0.077	−0.116	−0.154	−0.193	−0.231	−0.269	−0.307	−0.345
0+	0.000	0.039	0.078	0.117	0.156	0.195	0.234	0.273	0.312	0.351
10	0.391	0.430	0.470	0.510	0.549	0.589	0.629	0.669	0.709	0.749
20	0.789	0.830	0.870	0.911	0.951	0.992	1.032	1.073	1.114	1.155
30	1.196	1.237	1.279	1.320	1.361	1.403	1.444	1.486	1.528	1.569
40	1.611	1.653	1.695	1.738	1.780	1.822	1.865	1.907	1.950	1.992
50	2.035	2.078	2.121	2.164	2.207	2.250	2.294	2.337	2.380	2.424
60	2.476	2.511	2.555	2.599	2.643	2.687	2.731	2.775	2.819	2.864
70	2.908	2.953	2.997	3.042	3.087	3.131	3.176	3.221	3.266	3.312
80	3.357	3.402	3.447	3.493	3.538	3.584	3.630	3.676	3.721	3.767
90	3.813	3.859	3.906	3.952	3.998	4.044	4.091	4.137	4.184	4.231
100	4.277	4.324	4.371	4.418	4.465	4.512	4.559	4.607	4.654	4.701
110	4.749	4.796	4.844	4.891	4.939	4.987	5.035	5.083	5.131	5.179
120	5.227	5.275	5.324	5.372	5.420	5.469	5.517	5.566	5.615	5.663
130	5.712	5.761	5.810	5.859	5.908	5.957	6.007	6.056	6.105	6.155
140	6.204	6.254	6.303	6.353	6.403	6.452	6.502	6.552	6.602	6.652
150	6.702	6.753	6.803	6.853	6.903	6.954	7.004	7.055	7.106	7.150
160	7.207	7.258	7.309	7.360	7.411	7.462	7.513	7.564	7.615	7.660
170	7.718	7.769	7.821	7.872	7.924	7.975	8.027	8.079	8.131	8.183
180	8.235	8.287	8.339	8.391	8.443	8.495	8.548	8.600	8.652	8.705
190	8.757	8.810	8.863	8.915	8.968	9.021	9.074	9.127	9.180	9.233

项目四

集成温度传感器在数字显示温度表中的应用

任务引入

利用集成温度传感器制作和调试温度表电路,要求其测量范围为 0 ℃ ~100 ℃ 时误差在 ±1 ℃ 内。

学习目标

1. 能够根据集成温度传感器的特性正确选用集成温度传感器。
2. 能够识别和检测集成温度传感器的质量。
3. 能够分析集成温度传感器测温电路的信号检测和转换电路的工作原理。
4. 掌握集成温度传感器测温电路的调试方法。

学习准备

工具:电烙铁、镊子、偏口钳、螺丝刀等常用电子装接工具。
仪器、仪表:稳压电源、万用表、水银温度计。
元器件、材料:如表2-10所示的元器件、材料。

表 2-10 元器件、材料清单

序号	名称	型号	单位	数量
1	集成温度传感器	AD590	个	1
2	集成运算放大器	LM358	个	1
3	微调电位器	5 kΩ	个	2
4	电压表头	5 V	个	1
5	电阻	20 kΩ	个	2
6	电阻	10 kΩ	个	2

续表

序号	名称	型号	单位	数量
7	电阻	5.1 kΩ	个	2
8	盛水容器	大于 1 L	个	1
9	焊锡丝		m	1
10	电路板或面包板	75 mm×150 mm	块	
11	导线		m	2
12	松香		盒	1

任务一　集成温度传感器的识别、检测和选用

知识准备

晶体管的 b-e 结正向压降的不饱和值与热力学温度 T 和通过发射极的电流存在一定的关系。集成温度传感器则是将晶体管的 b-e 结作为温度敏感元件，加上信号放大、调整电路、A/D 转换或 D/A 转换等电路集成在一个芯片上制成的，按其输出信号的不同，可分为以电压、电流、频率或周期形式输出的模拟集成温度传感器和以数字量形式输出的数字集成温度传感器。

集成温度传感器的优点是使用简便、价格低廉、线性度好、误差小、适合远距离测量、免调试等。

1. 模拟集成温度传感器

1) 电流输出式集成温度传感器

电流输出式集成温度传感器的特点是输出电流与热力学温度(或摄氏温度)成正比，电流温度系数 K_I 的单位是 μA/K，典型产品有 AD590、AD592、TMP17 集成温度传感器等。图 2-13 所示为 AD590 集成温度传感器实物，其灵敏度为 1 μA/K。图 2-14 所示为 AD590 集成温度传感器的封装形式。

2) 电压输出式集成温度传感器

电压输出式集成温度传感器的特点是输出电压与热力学温度(或摄氏温度)成正比，电压温度系数 K_u 的单位是 mV/K，典型产品有 LM334、LM35 集成温度

图 2-13　AD590 集成温度传感器实物

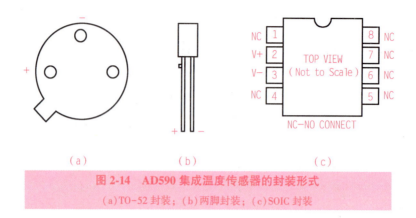

图 2-14　AD590 集成温度传感器的封装形式
(a)TO-52 封装；(b)两脚封装；(c)SOIC 封装

传感器等。以热力学温度标定，灵敏度为 10 mV/K。

3) 频率输出式集成温度传感器

频率输出式集成温度传感器的特点是输出方波的频率与热力学温度成正比，频率温度系数 K_f 的单位是 Hz/K，典型产品有 MAX6677 集成温度传感器等，以热力学温度标定，灵敏度是 4~1/16 Hz/K。

4) 周期输出式集成温度传感器

周期输出式集成温度传感器的特点是输出方波的周期与热力学温度成正比，周期温度系数 K_T 的单位是 μs/K，典型产品有 MAX6677 集成温度传感器等。以热力学温度标定，灵敏度是 4~1/16 Hz/K。

2. 数字集成温度传感器

数字集成温度传感器(又称智能集成温度传感器)内含有温度传感器、A/D 转换器、存储器，采用了数字化技术，能以数据形式输出被测温度值，其测温误差小、分辨能力强、能远距离传输、具有越限温度报警功能、带串行总线接口，适配各种接口。按照串行总线类型分，有单线总线、二线总线和四线总线。

任务实施

检测并记录集成温度传感器质量的好坏。

任务二　集成温度传感器式温度表电路制作

集成温度传感器式温度表电路的制作可用万能电路板，也可用面包板或模块。

知识准备

1. 集成温度传感器的选用

集成温度传感器式温度表电路中的集成温度传感器选用 AD590。

2. 制作步骤、方法和工艺要求

(1) 对照元器件清单清点元器件数量，检测集成温度传感器 AD590 的质量好坏。

(2) 按照图 2-15 制作电路。集成电路 LM358 使用集成电路插座安装，集成电路插座焊好后再安装 LM358。每个元器件摆放应以 LM358 为中心，靠近所连接的 LM358 管脚进行摆放。元器件摆放要整齐，连接导线要横平竖直，焊点要大小均匀、圆滑且有光泽。

(3) 将连接集成温度传感器 AD590 和电压表头的导线焊接到电路板上。

(4) 集成温度传感器 AD590、电压表头通过连接导线进行连接。

(5) 检查无误后进行通电调试。

3. 集成温度传感器的使用注意事项

(1) AD590 的测温范围为 -55 ℃ ~ 150 ℃。

(2) AD590 的电源电压范围为 4~30 V。一般常使用 4~6 V 的常规电源电压，在这个电压下电流变化 1 mA，相当于温度变化 1 K。AD590 可以承受 44 V 正向电压和 20 V 反向电压，因而元器件反接也不会被损坏。

(3) 输出功率为 710 MW。

(4) 精度高。AD590 共有 I、J、K、L、M 五档，其中 M 档精度最高，在 -55 ℃ ~ 150 ℃ 内，非线性误差为 ±0.3 ℃。

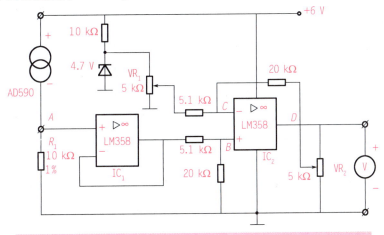

图 2-15 集成温度传感器测温电路

任务实施

按图 2-15 将电路焊接在试验板上，认真检查电路，正确无误后接好集成温度传感器和电压表头。

任务三　集成温度传感器式温度表电路调试

知识准备

调试步骤如下：

(1) 准备盛水容器、冷水、60 ℃以上热水、水银温度计、搅棒等。

(2) 先不要接电压表，接通电路电源，用万用表 5 V 电压挡测量稳压二极管的电压应该为 4.7 V，然后测量 C 点的电压，调节 VR_1 使该点电压约为 2.7 V，断开电源，接好电压表。

(3) 把传感器和水银温度计放入盛水容器中，接通电路电源。加入冷水和冰块（不断搅动），使水温保持在 0 ℃，调节 VR_1 使电压表指针在零刻度上。

(4) 在容器中加热水并加温，不断搅动，当水沸腾时（100 ℃），通过调节电路的 VR_2 使电压表指针处在 5 V 刻度上。

(5) 重复 (2)、(3) 步骤 2~3 次，调试完成。电压表指针示数乘 20 就等于所测温度。

(6) 检验 0 ℃~100 ℃内的任一温度点，水银温度计的读数与电压表指针的示数是否一致，误差应不大于 ±1 ℃。

集成温度传感器测温电路，如图 2-15 所示。电源正极经 AD590 后，串接 10 kΩ 的精密电阻（误差不大于 1%）R_1 后接地，以把 AD590 输出的随温度变化而变化的电流信号转化成电压信号，即 A 点的电压。温度每变化 1 ℃，AD590 的输出电流变化 1 μA，在电阻 R_1 上引起的电压变化就等于 10 mV，于是灵敏度为 10 mV/℃。为了增大后续放大器的输入阻抗，减小对 R_1 上电压信号的影响，转化后的电压信号经电压跟随器 IC_1 后到差动运算放大器 IC_2 的同相输入端，B 点的电压等于 A 点电压。由于 AD590 是按热力学温度分度的，0 ℃时的电流不等于 0，而是 273.2 μA，经 10 kΩ 电阻转换后的电压为 2.732 V，因此需给 IC_2 的反相输入端 C 加上 2.732 V 的固定电压进行差动放大，以使 0 ℃时运算放大器的输出电压为 0。

任务实施

按照上述步骤进行电路调试，并将结果填在表 2-11 内。

项目四 集成温度传感器在数字显示温度表中的应用

表 2-11 试验参数记录

次 数	水银温度计示数	电压表指针示数	误 差
第一次			
第二次			
第三次			
第四次			

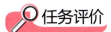

任务评价见表 2-12。

表 2-12 任务评价

评价项目	评价内容	自评	互评	师评
学习态度(10分)	能否认真观察试验现象及认真完成任务			
安全意识(10分)	是否注意保护所用仪表、仪器			
完成任务情况(70分)	是否了解集成式温度传感器是如何测温度的(20分)			
	能否进行热敏元件的检测(10分)			
	能否正确制作测温电路(20分)			
	是否掌握观测温度变化的方法(20分)			
协作能力(10分)	与同组成员交流讨论解决不太清楚的问题			
总评	好(85~100分),较好(70~84分),一般(少于70分)			

课后习题

一、填空题

1. 热敏电阻按其特性来说可分为 _____ 和 _____。
2. 不同型号 NTC 热敏电阻的测温范围不同一般为 _____。
3. 热敏电阻的温度特性曲线是 _____ 的。
4. 热敏电阻为传感器温度仪表一般 _____ 需要校验一次。
5. 当焊件加热到 _____ 的温度后将焊丝置于焊点，焊料开始熔化并润湿焊点。
6. 当焊锡完全润湿焊点后移开烙铁，注意移开烙铁的方向应该是大致 _____ 的方向。
7. 可直接用半导体二极管或将半导体三极管接成二极管做成 _____。
8. 温敏三极管，晶体管发射结上的正向电压随温度上升而近似线性 _____。
9. 检测温敏二极管的极性，可以通过 _____ 进行判断，长脚为正极，短脚为负极。
10. 两种不同材料的导体(或半导体) A 与 B 的两端分别相接形成闭合回路，就构成了 _____。
11. 当两接点分别放置在不同的温度 T 和 T0 时，则在电路中就会产生热电动势，形成回路电流，这种现象称为 _____，或称为热电效应。
12. 热电偶的三个基本定律为 _____、_____ 和 _____。
13. 晶体管的 _____ 与热力学温度 T 和通过发射极电流存在一定的关系。
14. 集成温度传感器则是将晶体管的 _____ 作为温度敏感元件。
15. 电流输出式集成温度传感器的特点是 _____(或摄氏温度)成正比。

二、选择题

1. 热敏电阻按其特性来说可分为(   )。
   A. 正温度系数热敏电阻 PTC 和负温度系数热敏电阻 NTC
   B. 正温度系数热敏电阻 NTC 和负温度系数热敏电阻 PTC
   C. 正温度系数热敏电阻 ETC 和负温度系数热敏电阻 NTC
   D. 正温度系数热敏电阻 PTC 和负温度系数热敏电阻 ETC
2. 不同型号 NTC 热敏电阻的测温范围不同一般为(   )。
   A. −50℃—+300℃   B −50℃—+300℃   C −50℃—+300℃   D −50℃—+300℃
3. 热敏电阻为传感器温度仪表一般(   )需要校验一次。
   A. 每 1—3 年   B. 每 2—2.5 年   C. 每 1—0.5 年   D. 每 2—3 年
4. 当焊锡完全润湿焊点后移开烙铁，注意移开烙铁的方向应该是大致(   )的方向。

A 45°　　　　　B 45°　　　　　C 45°　　　　　D 45°

5. 温敏三极管，晶体管发射结上的正向电压随温度上升而近似线性(　　　)。
   A. 上升　　　B. 下降　　　C. 变大　　　D. 变高

6. 下列不是热电偶的三个基本定律的为(　　　)。
   A. 均质导体定律　　　　　　B. 中间温度定律
   C. 中间导体定律　　　　　　D. 热电动势定律

7. 集成温度传感器则是将晶体管的(　　　)作为温度敏感元件。
   A. b-v 结　　　B. b-e 结　　　C. v-e 结　　　D. b-f 结

8. 电流输出式集成温度传感器的特点是(　　　)。
   A. 输出电流与热力学温度(或摄氏温度)成正比。
   B. 输出电流与热力学温度(或摄氏温度)成反比。
   C. 输出电压与热力学温度(或摄氏温度)成正比。
   D. 输出电压与热力学温度(或摄氏温度)成正比。

9. 下列不是数字式温度传感器按照串行总线类型分类的是(　　　)。
   A. 单线总线　　B. 三线总线　　C. 二线总线　　D. 四线总线。

10. 由于 AD590 是按热力学温度分度的，0℃时的电流不等于 0，而是(　　　)。
    A. 237.2μA　　B. 373.2μA　　C. 173.2μA　　D. 273.2μA

三、判断题

1. 当两接点分别放置在不同的温度 T 和 T0 时，则在电路中就会产生热电动势，形成回路电流，这种现象称为赛贝克效应，或称为热电效应。　　　　　　(　　　)

2. 热电偶的三个基本定律为均质导体定律、中间温度定律和中间导体定律。(　　　)

3. 晶体管的 b-e 结正向压降的不饱和值与热力学温度 T 和通过发射极电流存在一定的关系。　　　　　　　　　　　　　　　　　　　　　　　　　(　　　)

4. 集成温度传感器则是将晶体管的 b-e 结作为温度敏感元件，加上信号放大、调整电路、AD 转换或 DA 转换等电路集成在一个芯片上制成的，按其输出信号的不同可分为以电压、电流、频率或周期形式输出的模拟集成温度传感器和以数字量形式输出的数字集成温度传感器。　　　　　　　　　　　　　　　　　　　　　　　　　(　　　)

5. 电流输出式集成温度传感器的特点是输出电流与热力学温度(或摄氏温度)成反比。
　　　　　　　　　　　　　　　　　　　　　　　　　　　　　　　(　　　)

6. 电压输出式集成温度传感器的特点是输出电压与热力学温度(或摄氏温度)成反比。
　　　　　　　　　　　　　　　　　　　　　　　　　　　　　　　(　　　)

7. 频率输出式集成温度传感器的特点是输出方波的频率与热力学温度成正比。
　　　　　　　　　　　　　　　　　　　　　　　　　　　　　　　(　　　)

8. 数字式温度传感器按照串行总线类型分，有单线总线，二线总线和四线总线。
　　　　　　　　　　　　　　　　　　　　　　　　　　　　　　　(　　　)

9. 电源正极经 AD590 后，串接 10kΩ 的精密电阻（误差不大于 1%）R1 后接地，以把 AD590 输出的随温度变化而变化的电流信号转化成电压信号，即 A 点的电压。（　　）

10. 温度每变化 1℃，AD590 的输出电流变化 1uA，在电阻 R1 上引起的电压变化就等于 10mV，于是灵敏度为 10mV/℃。（　　）

四、简单题

1. 热敏电阻的定义是什么？

2. 简述热敏电阻的分类。

3. 简述 NTC 热敏电阻的阻值 R 与温度 TK 之间的关系。

4. 简述热敏电阻温度传感器的优缺点。

5. 简述热敏电阻器的检测方法。

6. PN 结温度传感器的定义是什么？

7. 简述 PN 结温度传感器的特性。

8. 简述 PN 结传感器的特点。

9. 简述 PN 结传感器的选用。

10. 简述 PN 结传感器的检测方法。

11. 热电偶原理是什么？

12. 简述热电偶的结构形式。

13. 简述热电偶温度传感器的优点。

14. 简述热电偶的缺点。

模块三

光电传感器的应用

模块学习目标

1. 掌握光电传感器的种类、特性、主要参数和选用方法。
2. 能够熟练对光电传感器进行检测。
3. 能够正确安装、使用光电传感器。
4. 能够分析光电传感器的信号检测和转换电路的工作原理，并能进行熟练调试。
5. 牢固树立节约光荣、浪费可耻的理念，节约用电，减少能源浪费，杜绝环境污染。

大国重器·发动中国

光传感器的应用：
鼠标和烟雾传感器

模块三 光电传感器的应用

项目一

光敏电阻在报警器中的应用

任务引入

利用光敏电阻设计一个弱光报警电路,可以根据光照强度来发出报警信号。

学习目标

1. 能够根据光电传感器特性正确选用光敏电阻。
2. 能够识别和检测光敏电阻的质量。
3. 能够分析光敏电阻测温电路的信号检测和转换电路的工作原理。
4. 掌握光敏电阻报警器电路的调试方法。

学习准备

工具:电烙铁、镊子、偏口钳、螺丝刀等常用电子装接工具。
仪器、仪表:稳压电源、万用表。
元器件、材料:如表3-1所示的元器件、材料。

表3-1 元器件、材料清单

序号	名称	型号	单位	数量
1	光敏电阻	R_Φ	个	1
2	$VD_1 \sim VD_4$	LM358	个	1
3	IC_1	5 kΩ	个	2
4	蜂鸣器	5 V	个	1
5	电阻 R_1	20 kΩ	个	2
6	电阻 R_2	10 kΩ	个	2
7	电阻 R_3	5.1 kΩ	个	2
8	电阻 R_4	200 kΩ	个	2

续表

序号	名称	型号	单位	数量
9	VT$_1$	9011	个	1
10	VT$_2$	9013	个	1
11	VT$_3$	9012	个	1
12	VT$_4$	9013	个	1
13	C$_1$	100 μF/16 V	个	1
14	C$_2$	0.033 μF	个	1
15	盛水容器	大于 1 L	个	1
16	焊锡丝		m	1
17	电路板或面包板	75 mm×150 mm	块	1
18	导线		m	2
19	松香		盒	1

任务一　光敏电阻的识别、检测和选用

知识准备

光电电阻将光信号转换成电信号，利用某些材料的光电特性实现对光信号的检测。常见的光电电阻有光敏电阻、光敏二极管、光敏三极管、光电池、光电管等，光电传感器广泛应用于各种光控电路中，如对光线的控制及需要调节光线的一些家电产品。光电电阻如图 3-1 所示。

图 3-1　光电电阻

光敏电阻具有较高的灵敏度和较好的光谱特性，光谱响应可从紫外区到红外区的范围内，而且体积小、质量轻、性能稳定、价格便宜，因此应用比较广泛；但因其具有一定的

非线性,故光敏电阻常用于光电开关中来实现光电控制。

1. 光敏电阻的工作原理

光敏电阻的工作原理如图 3-2 所示。

2. 光敏电阻的检测

(1) 用一黑纸片将光敏电阻的透光窗口遮住,此时万用表的指针基本保持不动,阻值接近无穷大。此值越大,说明光敏电阻的性能越好。若此值很小或接近于零,说明光敏电阻已烧穿损坏,不能再继续使用。

(2) 将一光源对准光敏电阻的透光窗口,此时万用表的指针应有较大幅度的摆动,阻值明显减小。此值越小,说明光敏电阻的性能越好。若此值很大甚至无穷大,表明光敏电阻内部开路损坏,不能再继续使用。

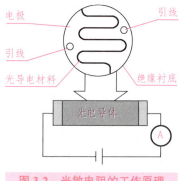

图 3-2 光敏电阻的工作原理

(3) 将光敏电阻透光窗口对准入射光线,用小黑纸片在光敏电阻的遮光窗上部晃动,使其间断受光,此时万用表指针应随黑纸片的晃动而左右摆动。如果万用表指针始终停在某一位置不随纸片晃动而摆动,说明光敏电阻的光敏材料已经损坏。

光传感器的工作原理及应用

检测并记录光敏电阻的质量好坏。

任务二　光敏电阻式报警电路制作

光敏电阻式报警电路的制作可用万能电路板,也可用面包板或模块。

1. 光敏电阻的选用

光敏电阻式报警电路中的光敏电阻选用 R_Φ。

2. 制作步骤、方法和工艺要求

(1) 对照元器件清单清点元器件数量,检测光敏电阻选用 R_Φ 的质量好坏。

(2) 电阻、二极管(发光二极管除外)均采用水平安装,需贴近印制板,电阻的色标方向应一致。

(3)晶体三极管、光二极管采用直立式安装，管底面离印制板 2~6 mm。

(4)电容器采用直立式安装，管底面离印制板不大于 4 mm。

(5)微调电位器装配时，不能倾斜，三只脚均要焊牢。

(6)蜂鸣器的两极先焊上引脚(可用剪下的元件脚)再插入安装孔焊接，横卧放置。

3. 光敏电阻的使用注意事项

(1)用于测光的光源光谱特性必须与光敏电阻的光敏特性匹配。

(2)要防止光敏电阻受杂散光的影响。

(3)要防止光敏电阻的电参数(电压、功耗)超过允许值。

(4)根据不同用途，选用不同特性的光敏电阻。

(6)光敏电阻式报警电路中整流桥给出的是直流脉动电压，不能将其用电容滤波变成平滑直流电压，否则电路将无法正常工作。

图 3-3 中 R_Φ 为普通光敏电阻，光照越弱，阻值越大，即 R_Φ 上分得的电压就越大。而 VT_1、VT_2 所需要的导通电压在 1.4 V 以上，如果 R_Φ 分得的电压达不到此限值，则 VT_1、VT_2 截止，扬声器 B 不工作；当 R_Φ 两端电压超过此限值时，VT_1、VT_2 导通，扬声器 B 工作。

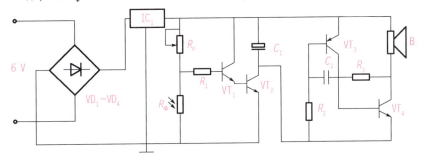

图 3-3　光敏电阻式报警电路原理

🔧 任务实施

按图 3-3 将电路焊接在试验板上，认真检查电路，正确无误后接好光敏电阻和蜂鸣器。

任务三　光敏电阻式报警电路调试

✏️ 知识准备

电路制作完成后，主要工作是调节报警点。采用遮挡的方法来调节，观察当 R_Φ 有光照和无光照时电路的工作状态。正常情况下，适当调节 R_Φ，当遮住照射到 R_Φ 的光线时，扬声器应该发出声响，且光线越暗，声音越大。若电路不发出声响，则应检测相应的电路。

（1）不进行遮挡，观察有光时，电路是否发出声响进行报警。

（2）进行遮挡，观察无光时，电路是否发出声响进行报警。

（3）重复（1）、（2）步骤 3 次，并进行记录。

任务实施

按照上述步骤进行电路调试，并将结果填在表 3-2 内。

表 3-2　试验参数记录

次　数	有光时，是否报警	无光时，是否报警	误　差
第一次			
第二次			
第三次			
第四次			

任务评价

任务评价见表 3-3。

表 3-3　任务评价

评价项目	评价内容	自评	互评	师评
学习态度(10分)	能否认真观察试验现象及完成任务			
安全意识(10分)	是否注意保护所用仪表、仪器			
完成任务情况(70分)	是否了解光敏电阻是如何测温度的(20分)			
	是否能够进行光敏元件的检测(10分)			
	是否能够正确制作测温电路(20分)			
	是否掌握观测温度变化的方法(20分)			
协作能力(10分)	与同组成员交流讨论解决不太清楚的问题			
总评	好(85～100分)，较好(70～84分)，一般(少于70分)			

项目二

热释电红外传感器在公共照明中的应用

任务引入

利用热释电红外传感器和光敏电阻制作一开关控制电路,根据光照情况和人体的移动来实现照明控制。

学习目标

1. 掌握热释电红外传感器的工作原理和应用。
2. 了解热释电红外传感器的功能及特性指标。
3. 能够制作、调试简单的热释电红外传感器应用电路。

学习准备

工具:电烙铁、镊子、偏口钳、螺丝刀等常用电子装接工具。
仪器、仪表:稳压电源、万用表。
元器件、材料:如表3-4所示的元器件、材料。

表3-4 元器件、材料清单

序号	名称	型号	单位	数量
1	热释电红外传感器	HN911L	个	1
2	集成运算放大器	LM358	个	1
3	光敏电阻	R_Φ	个	1
4	微调电位器	5 kΩ	个	2
5	指示灯	5 V	个	1
6	电阻	20 kΩ	个	2
7	电阻	10 kΩ	个	2

续表

序号	名称	型号	单位	数量
8	电阻	5.1 kΩ	个	2
9	电阻	200 kΩ	个	2
10	盛水容器	大于 1 L	个	1
11	焊锡丝		m	1
12	电路板或面包板	75 mm×150 mm	块	
13	导线		m	2
14	松香		盒	1

任务一　热释电红外传感器的识别、检测和选用

知识准备

热释电红外传感器是一种通过检测人或动物发射的红外线而输出电信号的传感器。早在 1938 年就有人提出过利用热释电效应探测红外辐射，但并未受到重视，直到 20 世纪 60 年代，随着激光、红外技术的迅速发展，才又推动了对热释电效应的研究及对热释电晶体的应用。目前，热释电晶体已广泛用于红外光谱仪、红外遥感及热辐射探测器中，它可以作为红外激光的一种较理想的探测器，正被广泛地应用于各种自动化控制装置中。热释电红外传感器除了在人们熟知的楼道自动开关、防盗报警上得到应用外，在很多其他领域中的应用前景也很广阔。例如，在房间无人时会自动停机的空调机、饮水机；电视机能判断无人观看或观众已经睡觉后自动关机的机构；开启监视器或自动门铃上的应用；结合摄影机或数码照相机自动记录动物或人的活动等。

热释电传感器是对温度敏感的传感器。它由陶瓷氧化物或压电晶体元件组成，在元件两个表面做成电极，在传感器监测范围内温度有 ΔT 的变化时，热释电效应会在两个电极上产生电荷 ΔQ，即在两电极之间产生一微弱的电压 ΔV。由于它的输出阻抗极高，在传感器中有一个场效应管进行阻抗变换。热释电效应所产生的电荷 ΔQ 会被空气中的离子所结合而消失，即当环境温度稳定不变时，$\Delta T=0$，则传感器无输出。当人体进入检测区移动，因人体温度与环境温度有差别，产生 ΔT，则有 ΔT 输出；若人体进入检测区后不动，则温度没有变化，传感器也没有输出，因此这种传感器可检测人体或者动物的活动。试验证明，传感器不加光学透镜（也称菲涅尔透镜），其检测距离小于 2 m；而加上光学透镜后，其检测距离可大于 7 m。

热释电红外传感器利用热释电效应制作而成。型号为 HN911 的热释电红外传感器，如图 3-4 所示。热释电效应是指某些晶体受热时，其两个相对表面产生数量相等、极性相反的电荷的电极化现象，这种晶体称为热电元件。用热电元件、场效应管、电阻、二极管、滤光片及外壳等组成热释电红外传感器，其工作原理如图 3-5 所示，它是探测用的红外传感器，多应用于防盗报警、自动控制和非接触开关等领域。滤光片对于太阳和荧光灯的短波长具有较高的反射率，而对人体辐射出的红外线有较高的透过率。

图 3-4 热释电红外传感器

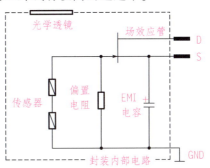

图 3-5 热释电红外传感器的工作原理

任务实施

检测并记录热释电红外传感器的质量好坏。

任务二　热释电红外传感器开关电路的制作

热释电红外传感器开关电路的制作可用万能电路板，也可用面包板或模块。

热释电传感器模组应用实例

知识准备

元件选择可参照图 3-6，主要包括以下几种。

①IC_1 选用新型热释电红外探测模块 HN911L。

②VT_1 选用型号为 9012 的三极管；VT_2 选用 BV≥500 V, 3 A 的 V-MOS 管，如 BUZ358 等。

③VD_1、VD_3 选用 1N4007 二极管；VD_2 选用 1N4148 二极管；VD_4 选用 1N5408 二极管；$VS_1 \sim VS_3$ 选用型号为 2CW54 的稳压二极管。

根据 IC_1 的大小，在无孔开关盖板上开一个适当大小的孔，将 IC_1 的传感面朝外，与盖板外表面平齐，用502胶水粘牢。其余元器件焊在一块电路板上，用软线与 IC_1 连接。光敏电阻 R_Φ 最好与 IC_1 同样安装，以便受光，整个装置置于开关盒内。由于人进出楼道时身体离红外感应开关很近，所以该开关一般能可靠工作。如欲增大探测距离，可在传感器前面配上相应的菲涅尔透镜。

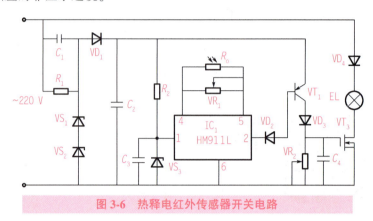

图 3-6　热释电红外传感器开关电路

任务实施

按图 3-6 将电路焊接在试验板上，认真检查电路，正确无误后接好热释电红外传感器和指示灯。

任务三　热释电红外传感器开关电路调试

知识准备

调试时，首先断开光敏电阻 R，调整 VR_1，当人通过传感器旁边时，灯泡点亮。接着焊接光敏电阻 R，遮住光线细调 VR_1。然后调节 VR_2 以调整灯泡发光的延迟时间。

（1）不进行遮挡，观察有光时，指示灯是否点亮。
（2）进行遮挡，观察无光时，指示灯是否点亮。
（3）重复（1）、（2）步骤3次，并进行记录。

任务实施

按照上述步骤进行电路调试，并将结果填在表 3-5 内。

项目二 热释电红外传感器在公共照明中的应用

表3-5 试验参数记录

次 数	有光时，指示灯是否亮	无光时，指示灯是否亮	误 差
第一次			
第二次			
第三次			
第四次			

任务评价

任务评价见表3-6。

表3-6 任务评价

评价项目	评价内容	自评	互评	师评
学习态度(10分)	能否认真观察试验现象及完成任务			
安全意识(10分)	是否注意保护所用仪表、仪器			
完成任务情况(70分)	是否了解热释电红外传感器是如何测温度的(20分)			
	是否能够进行热释电红外传感器的检测(10分)			
	是否能够正确制作测温电路(20分)			
	是否掌握观测温度变化的方法(20分)			
协作能力(10分)	与同组成员交流讨论解决不太清楚的问题			
总评	好(85~100分)，较好(70~84分)，一般(少于70分)			

课后习题

一、填空题

1. 光电传感器将_____。
2. 常见的光电传感器有_____、_____、_____、_____、_____等器件。
3. 光电传感器广泛应用于各种_____，如对光线的调节、控制及需要调节光线的一些家用电产品，如数码相机等。
4. 光敏电阻的检测，用一黑纸片将光敏电阻的透光窗口遮住，此时万用表的_____。
5. 光敏电阻的检测，电阻值越大说明_____。
6. 光敏电阻的检测，电阻值很小或接近为零，说明_____，不能再继续使用。
7. 光敏电阻的检测时，若电阻很大甚至无穷大，表明光敏电阻_____，也不能再继续使用。
8. 热释电红外传感器是一种能检测人或动物发射的_____而输出电信号的传感器。
9. 热释电传感器不加光学透镜（也称菲涅尔透镜），其检测距离_____，而加上光学透镜后，其检测距离可_____。
10. 热释电红外传感器利用_____制作而成。
11. 热释电效应是指某些晶体受热时其两个相对表面产生数量相等极性相反的电荷的电极化现象，这种晶体称为_____。
12. 用_____、_____、_____、_____、滤光片及外壳等组成热释电红外传感器。

二、选择题

1. 光电传感器将光信号转换成电信号，利用光电之间某些材料的光电特性实现对(   )。

   A．声音信号检测　　　　　　　　B．磁信号检测
   C．光信号检测　　　　　　　　　D．压力信号检测

2. 下列不属于光电传感器有(   )。

   A．光敏电阻　　　　　　　　　　B．光敏二极管
   C．光敏三极管　　　　　　　　　D．发光二极管

3. 光电传感器广泛应用于各种(   )中。

   A．声控电路　　　　　　　　　　B．电控电路

C. 光控电路　　　　　　　　　　　D. 温控电路

4. 光敏电阻的检测时，当出现(　　)时，表明光敏电阻内部开路损坏，也不能再继续使用。

　　A. 若电阻很小甚至无穷小　　　　B. 若电阻很大甚至无穷大
　　C. 若电抗很大甚至无穷大　　　　D. 若电抗很小甚至无穷小

5. 热释电传感器的(　　)，在传感器中有一个场效应管进行阻抗变换。

　　A. 输出阻抗极低　　　　　　　　B. 输出容抗极高
　　C. 输出阻抗极高　　　　　　　　D. 输出容抗极低

6. 热释电传感器不加光学透镜(也称菲涅尔透镜)，其检测距离小于2m，而加上光学透镜后，其检测距离可(　　)。

　　A. 小于7m　　　B. 大于7m　　　C. 大于3m　　　D. 小于3m

7. 光敏电阻的检测，电阻值(　　)说明光敏电阻性能越好。

　　A. 越大　　　　B. 越小　　　　C. 不变　　　　D. 基本不变

8. 热释电红外传感器是一种能检测人或动物发射的(　　)而输出电信号的传感器。

　　A. 红外线　　　B. 紫外线　　　C. 磁力线　　　D. 电力线

9. 热释电效应同(　　)类似，是指由于温度的变化而引起晶体表面荷电的现象。

　　A. 磁电效应　　B. 电磁效应　　C. 压电效应　　D. 电压效应

10. 热释电效应是指某些晶体受热时其两个相对表面产生数量相等极性相反的电荷的电极化现象，这种晶体称为(　　)。

　　A. 热电元件　　B. 电热元件　　C. 磁电元件　　D. 电磁元件

三、判断题

1. 光敏电阻的检测，用一黑纸片将光敏电阻的透光窗口遮住，此时万用表的指针基本保持不动，阻值接近无穷小。(　　)

2. 光敏电阻的检测，电阻值越小说明光敏电阻性能越好。(　　)

3. 光敏电阻的检测，电阻值很小或接近为零，说明光敏电阻已烧穿损坏，不能再继续使用。(　　)

4. 光敏电阻的检测时，将一光源对准光敏电阻的透光窗口，此时万用表的指针应有较大幅度的摆动，阻值明显减些此值越小说明光敏电阻性能越好。(　　)

5. 光敏电阻的检测时，如果万用表指针始终停在某一位置不随纸片晃动而摆动，说明光敏电阻是完好的。(　　)

6. 热释电晶体已广泛用于红外光谱仪、红外遥感以及热辐射探测器，它可以作为红外激光的一种较理想的探测器。(　　)

7. 热释电传感器的输出阻抗极高，在传感器中有一个场效应管进行阻抗变换。(　　)

8. 热释电红外传感器利用热释电效应制作而成。(　　)

9. 热释电效应是指某些晶体受热时其两个相对表面产生数量相等极性相反的电荷的

电极化现象，这种晶体称为热电元件。（　　）

10. 用热电元件、结型场效应管、电阻、二极管、滤光片及外壳等组成热释电红外传感器。（　　）

四、简单题

1. 简述集成温度传感器的优点。
2. 简述模拟集成温度传感器的分类。
3. 数字集成温度传感器的定义是什么？
4. 简述光电传感器的工作原理。
5. 简述光敏电阻的特点。

模块四 压力传感器的应用

模块学习目标

1. 掌握压力传感器的种类、特性、主要参数和选用方法。
2. 能够熟练对压力传感器进行检测。
3. 能够正确安装、使用压力传感器。
4. 能够分析压力传感器的信号检测和转换电路的工作原理,并能进行熟练调试。

大国重器·构筑基石

项目一

电阻应变片在电子秤中的应用

任务引入

在日常生活中经常需要测量物体的质量,电子秤是集现代传感器技术、电子技术和计算机技术于一体化的电子称量装置,能满足并解决现实生活中提出的"快速、准确、连续、自动"的称量要求,同时可有效地消除人为误差,使之更符合法制计量管理和工业生产过程控制的应用要求。本项目是利用电阻应变片制作和调试简易电子秤电路,电子秤的称重范围为 0~5 kg,满量程误差不大于 0.005 kg。

学习目标

1. 能够根据电阻应变片的特性正确选用电阻应变片。
2. 能够识别和检测电阻应变片式称重传感器的质量。
3. 能够分析电阻应变片称重电路的信号检测和转换电路的工作原理。
4. 掌握电阻应变片电子秤电路的调试方法,确保计量的准确,维护诚信、公平计量。

学习准备

工具:电烙铁、镊子、偏口钳、螺丝刀等常用电子装接工具。
仪器、仪表:稳压电源、万用表。
元器件、材料:如表4-1所示的元器件、材料。

表4-1 元器件、材料清单

序号	名称	型号	单位	数量
1	电阻应变片式压力传感器	5 kg	个	1
2	集成运算放大器	OP07	个	4
3	微调电位器	10 kΩ	个	3
4	电压表头	10 V	个	1
5	电阻	10 kΩ	个	1

续表

序号	名称	型号	单位	数量
6	电阻	20 kΩ	个	2
7	电阻	100 kΩ	个	2
8	电阻	1 MΩ	个	5
9	砝码	1 kg	个	5
10	焊锡丝		m	1
11	电路板或面包板	75 mm×150 mm	块	
12	导线		m	2
13	松香		盒	1

任务一　电阻应变片的识别、检测和选用

知识准备

1. 电阻应变片的类型与结构

电阻应变片是一种电阻式的敏感元件，也称为电阻应变计、应变计或应变片，是基于应变效应制作的。所谓应变效应，是指导体或半导体材料在外力的作用下产生机械变形时，其电阻值相应地也发生变化。现在使用的称重传感器、力传感器，绝大部分都是电阻应变片式传感器。应用最多的是金属电阻应变片和半导体应变片。

1) 金属电阻应变片

金属电阻应变片有多种形式，常用的有丝式和箔式（见图4-1）。金属电阻应变片的典型结构如图4-2所示，它主要由覆盖层、敏感栅、基底、引出线构成。丝式应变片的敏感栅是由直径为0.02~0.05 mm的康铜丝或者镍铬丝绕制，平行排列而成的。它结构简单、价格低、强度高，但允许通过的电流较小，测量精度较低，适用于测量精度要求不太高的场合。

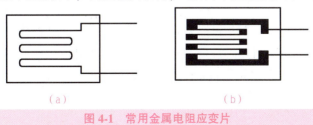

图4-1　常用金属电阻应变片
(a)丝式；(b)箔式

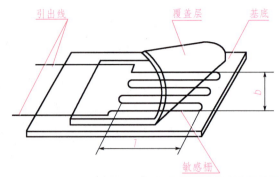

图 4-2 金属电阻应变片的结构
l—基长；b—栅宽；lb—应变片的使用面积

箔式应变片的敏感栅用厚度为 0.002~0.005 mm 的金属箔刻蚀而成，箔栅很薄，能较好地反映构件表面的变形，测量精度较高，而且易于制成各种形状，便于大量生产。因此，箔式应变片得到广泛应用。

2) 半导体应变片

半导体应变片有体形、薄膜形、扩散形等形式。它与电阻应变片相比，具有灵敏系数高（高 50~100 倍）、机械滞后小、体积小、耗电少等优点。但其温度稳定性差，在较大应变作用下线性误差大。

2. 电阻应变片的测量原理

用应变片测量受力应变时，将应变片粘贴于被测对象的表面，在外力作用下，当被测对象表面产生微小机械变形时，应变片敏感栅也随之变形，其电阻值发生相应变化。通过转换电路转换为相应的电压或电流变化，关系式如下：

$$\frac{\Delta R}{R} = K\varepsilon$$

式中：$\frac{\Delta R}{R}$ —— 电阻变化率；

K —— 灵敏系数；

ε —— 应变值。

3. 电阻应变片式传感器的特点

精度高，寿命长，测量范围广，结构简单，频响特性好，环境适应能力强，能在恶劣条件下工作，容易实现小型化、整体化和品种多样化等。

应变大时非线性较大、输出信号较弱，要采取一定的补偿措施。因此，它广泛应用于自动测试和控制技术中。

4. 电阻应变片式称重传感器的检测

(1)外观检查：仔细查看被检测传感器的外观，如发现外观出现破损、龟裂等现象，则表明该传感器可能受损。

(2)线路粗查：传感器的供电电源线、信号线和屏蔽线为同轴电缆，可用万用表对其进行对测(即电源线-信号线、电源线-屏蔽线、信号线-屏蔽线)，若出现短路、断路或绝缘性能下降等现象，则表明该传感器可能受损。

(3)测量内部电阻：可用4位数字万用表的欧姆挡对传感器的输入阻抗 Z_i 和输出阻抗 Z_o 进行测量，并将测得值与厂商提供的产品合格证书上的标称值进行比对，当测得值超过允许范围时，则表明传感器可能受损。

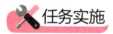

检测并记录称重传感器的质量好坏。

任务二　简易电子秤电路制作

简易电子秤电路可用万能电路板制作，也可用面包板或模块制作。

1. 电阻应变片的选用

简易电子秤电路中的电阻应变片选用5 kg电阻应变式压力传感器。

2. 制作步骤、方法和工艺要求

(1)对照元器件清单清点元器件数量，检测5 kg电阻应变式压力传感器的质量好坏。

(2)按照图4-3制作电路。集成电路OP07使用集成电路插座安装，集成电路插座焊好后再安装OP07。每个元器件摆放应以OP07为中心，靠近所连接的OP07管脚进行摆放。元器件摆放要整齐，连接导线要横平竖直，焊点要大小均匀、圆滑且有光泽。

(3)将连接5 kg电阻应变式压力传感器和电压表头的导线焊接到电路板上。

(4)5 kg电阻应变式压力传感器、电压表头通过连接导线进行连接。

(5)检查无误后进行通电调试。

3. 电阻应变式压力传感器使用注意事项

(1)运放调零：打开电源，±15 V电源(运放的工作电压)也打开。将运放±端接地，输出端接数字电压表的输入端，调大"增益"电位器，调节"调零"电位器使电压表指示为零(2 V挡)。拆除连线，在以后的实验中保持两电位器不变。

（2）桥路连接：关闭电源，接好连线。打开电源，调节电位器 WD 使电压表指示为零（2 V 挡），如不能调零则选一较小的稳定值为零点，在以后的实验中保持电位器不变。

（3）拔线时千万不要拽线，应拿住头部轻旋拔下。

（4）直流电源选 8 V，可用电压表测量一下，以免电压过大损坏应变片或造成自热效应。简易电子秤电路如图 4-3 所示。

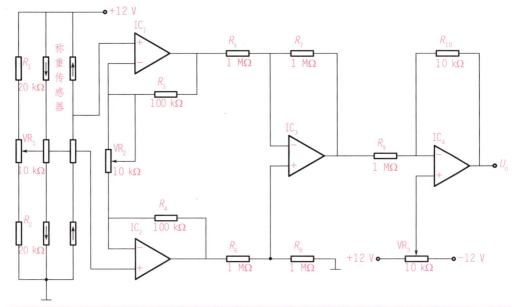

图 4-3　简易电子秤电路

按图 4-3 将电路焊接在试验板上，认真检查电路，正确无误后调试电路。

任务三　简易电子秤电路调试

1. 电路组成

（1）电桥电路（由 R_1、R_2、VR_1 及称重传感器组成）：将被称重的质量转换成与之呈一定关系的模拟电压。

（2）仪表放大电路（由 IC_1、IC_2、IC_3 及外围电路组成）：将传感器输出的微弱信号放大为足够的电压（伏级）。

(3)调零电路(由 IC_4 及外围元件组成):当传感器不加重物时,IC_4 的输出电压为零。此外,VR_1 调节电桥的平衡,VR_2 调节仪表放大器的增益,VR_3 将放大电路调零。

2. 调试步骤

(1)接通电源,将 VR_2 调至中间位置,进行差放调零。

(2)顺时针调节 VR_3 至中间位置,将差动放大器的正、负输入端与地短接,输出端与 10 V 电压表相连,调节 VR_3 使电压表读数为零,关闭电源。

(3)将传感器接入电路并接通电源,不加重物,调节 VR_1 使电压表读数为零。

(4)逐一将 5 个 1 kg 的砝码放在传感器上,分别记录电压表的读数。

(5)逐一将 5 个 1 kg 的砝码从传感器上拿走,分别记录电压表的读数。

调试过程中要注意电源接通与关闭的时刻、传感器接入电路的时刻,严格按照操作步骤进行。因为要调节的元器件比较多,调试时一定要注意调试顺序,可多次调试,直至调试成功。

任务实施

按照上述步骤进行电路调试,并将结果填在表 4-2 内。

表 4-2 试验参数记录

砝码重/kg					
电压/V					
砝码重/kg					
电压/V					

任务评价

任务评价见表 4-3。

表 4-3 任务评价

评价项目	评价内容	自评	互评	师评
学习态度(10分)	能否认真观察试验现象及完成任务			
安全意识(10分)	是否注意保护所用仪表、仪器			
完成任务情况(70分)	是否了解电阻应变片是如何称重的(20分)			
	是否能够进行称重传感器的检测(10分)			
	是否能够正确制作电子秤电路(20分)			
	是否掌握观测质量变化的方法(20分)			
协作能力(10分)	与同组成员交流讨论解决不太清楚的问题			
总评	好(85~100分)、较好(70~84分)、一般(少于70分)			

项目二

压电式传感器在警戒区报警电路中的应用

任务引入

警戒区报警电路是利用各种类型的传感器对需要进行保护的区域、财产、人员进行整体保护和报警的电路。本项目利用压电陶瓷片制作和调试警戒区报警电路。

学习目标

1. 能够根据压电陶瓷片的特性正确选用压电陶瓷片。
2. 能够识别和检测压电陶瓷片的质量。
3. 能够分析压电陶瓷片电路的信号检测和转换电路的工作原理。
4. 掌握压电陶瓷片警戒区报警电路的调试方法,确保能正常报警,增强安全意识,提高防范意识。

学习准备

工具:电烙铁、镊子、偏口钳、螺丝刀等常用电子装接工具。
仪器、仪表:稳压电源、万用表。
元器件、材料:如表4-4所示的元器件、材料。

表4-4 元器件、材料清单

序号	名称	型号	单位	数量
1	压电陶瓷片	HTD27A-1	个	1
2	555定时器	NE555	个	2
3	场效应晶体管	V40AT	个	1
4	扬声器	YD57-2	个	1
5	微调电位器	4.7 MΩ	个	1
6	电阻	1 MΩ	个	1
7	电阻	56 kΩ	个	1

续表

序号	名称	型号	单位	数量
8	电阻	25 kΩ	个	1
9	电阻	100 kΩ	个	3
10	电解电容	100 μF	个	1
11	电解电容	10 μF	个	2
12	电解电容	1 μF	个	2
13	焊锡丝		m	1
14	电路板或面包板	75 mm×150 mm	块	1
15	导线		m	2
16	松香		盒	1

任务一 压电陶瓷片的识别、检测和选用

知识准备

1. 压电陶瓷片的特性

压电陶瓷片，俗称蜂鸣片，是一种电子发音元件，属于人工制造的多晶体压电材料，它是基于压电效应工作的。所谓压电效应，是指某些电介质，当沿着一定方向对其施加外力而使其发生机械变形时，内部就产生极化现象，同时在它的两个表面上产生电量相等、符号相反的电荷；当去除外力时，电介质又重新回到不带电的情况。如果外力方向发生改变，电介质上电荷的极性也发生改变。

压电陶瓷片的结构及图形符号如图 4-4 所示，它是由直径为 d 的压电陶瓷片和直径为 D 的金属振动片复合而成。当电压作用于压电陶瓷片时，它就会随电压和频率的变化产生机械变形；当振动压电陶瓷片时，则会产生一个电荷。

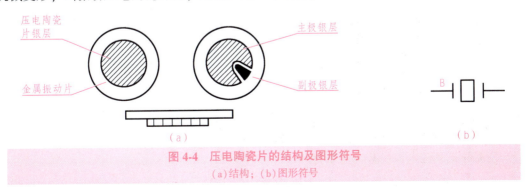

图 4-4 压电陶瓷片的结构及图形符号
(a)结构；(b)图形符号

压电陶瓷片的频率特性曲线如图 4-5 所示。谐振频率 f_0 与复合振动片的直径 D 呈指数关系，由图 4-5（a）可知，D 越大，低频特性越好。压电陶瓷片的阻抗 Z 由 d/D 决定，由图 4-5（b）可知，阻抗随 d/D 的增大而降低。

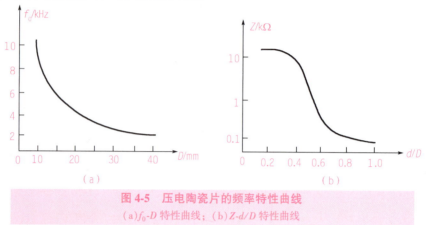

图 4-5　压电陶瓷片的频率特性曲线
（a）f_0-D 特性曲线；（b）Z-d/D 特性曲线

2. 压电陶瓷片的驱动

压电陶瓷片的驱动方式有自激振荡式驱动和他激振荡式驱动两种。

自激振荡式驱动的电路原理是通过晶体管放大器提供正反馈，构成压电晶体振荡器，使压电陶瓷片工作在谐振频率 f_0 上而发声。这时压电陶瓷片阻抗较低，输出音量由输入电流控制，因此这种驱动方式也称为电流驱动型。

他激振荡式驱动的电路原理是利用方波（或短波）振荡器来发声，此时压电陶瓷片工作在谐振频率 f_0 外的频率上，阻抗较高，输入电流较小，因此也称为电压驱动型。

3. 压电陶瓷片的检测

将万用表拨到直流电压 2.5 V 挡，左手食指与拇指轻轻捏住压电陶瓷片的两面，右手持万用表的表笔，红表笔接金属片，黑表笔横放在陶瓷表面上，然后左手拇指和食指稍用力压一下，随后放松，这样在压电陶瓷片上产生两个极性相反的电压信号，使万用表的指针先向右摆，接着回零，随后向左摆一下，摆幅为 0.10~0.15 V，摆幅越大，说明灵敏度越高。若指针静止不动，说明压电陶瓷片内部漏电或破损。

注意：
（1）测试之前最好用 $R×10$ $kΩ$ 挡测其绝缘电阻，应为无穷大，否则说明其漏电。
（2）测试时，万用表不可用交流电压挡，否则观察不到指针摆动。
（3）测试时不可以用湿手捏压电陶瓷片，且用力不可过大、过猛，更不要随意弯折压电陶瓷片。

任务实施

检测并记录压电陶瓷片的质量好坏。

任务二 简易警戒区报警电路制作

简易警戒区报警电路可用万能电路板制作，也可用面包板或模块制作。

知识准备

1. 压电陶瓷片的选用

简易警戒区报警电路中的压电陶瓷片选用 HTD27A-1 压电陶瓷片。

2. 制作步骤、方法和工艺要求

（1）对照元器件清单清点元器件数量，检测 NTC 型 10 kΩ 热敏电阻的质量好坏。

（2）按照图 4-6 制作电路。集成电路 555 定时器使用集成电路插座安装，集成电路插座焊好后再安装 555 定时器。每个元器件摆放应以 555 定时器为中心，靠近所连接的 555 定时器管脚进行摆放。元器件摆放要整齐，连接导线要横平竖直，焊点要大小均匀、圆滑且有光泽。

（3）将连接扬声器的导线焊接到电路板上。

（4）扬声器通过连接导线进行连接。

（5）检查无误后进行通电调试。

3. HTD27A-1 压电陶瓷片使用注意事项

（1）压电陶瓷片买来时就一个圆形片，在使用时要焊上合适的电极引线。焊接的引线最好用多股软电线，不能用太硬、太粗的电线，以免影响发音效果。

（2）焊接前，先检测压电陶瓷片的外观。如果金属片的焊点有污物，需用小刀轻刮。切记：镀银面千万不能用小刀刮，如果刮掉了镀银面，就不能再焊接了。

（3）焊接时，电烙铁功率应小于或等于 20 W，在边缘的金属基片上焊接引线的时间不得超过 3 s，在中间的镀银面上焊接引线的时间不得超过 1 s，否则极容易烫坏压电陶瓷层及其镀银层。

（4）在镀银面上焊接引线时，如果烙铁头在焊点上停留的时间过长，已经出现了浅黄（灰）色的陶瓷，则不能再在此处焊接，可以换一处重新焊接。

（5）焊接时，焊点要选在靠近压电陶瓷片的圆片边缘处，尽可能不选在中间位置。

（6）构成压电陶瓷片的陶瓷材料又薄又脆，在使用过程中要轻拿轻放，防止跌落、剧烈撞击或敲打。

简易警戒区报警电路如图 4-6 所示。

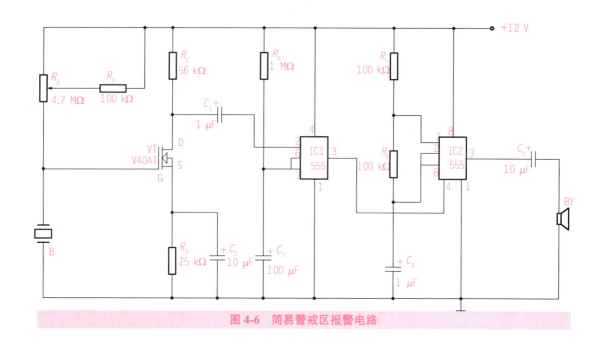

图 4-6 简易警戒区报警电路

任务实施

按图 4-6 将电路焊接在试验板上，认真检查电路，正确无误后调试电路。

任务三 简易警戒区报警电路调试

知识准备

1. 电路组成

（1）振动传感接收和高灵敏度放大电路：由 HTD、VT、R_p 组成。通过 R_p 调节 VT 栅极偏压，从而调节放大器增益。

（2）单稳态延时电路：由 IC_1（555 定时器）、R_4 和 C_3 组成，其延时 $t = 1.1 R_3 \cdot C_4 \approx 2$ min。常态时，IC_1 的 3 脚输出低电平；当压电陶瓷片接收到振动信号时，经 VT 放大后输出，触发单稳态电路并使其翻转，3 脚输出高电平。此时，电路进入暂稳态，电源通过 R_4 向 C_3 充电，充电 2 min 后，C_3 充电电压升高到 6 脚的阈值电平，触发器自动翻转，3 脚恢复低电平，电路又进入稳态。

（3）音频振荡器：由 IC_2（555 定时器）、R_5、R_6、C_4 组成。常态时，因为 IC_2 的 3 脚输出低电平，振荡器不工作；当 IC_2 的 3 脚输出高电平时，振荡器开始工作，发出报警声。该振荡器的振荡频率取决于 R_5、R_6 与 C_4 的数值，本电路约为 4.8 kHz。想要获得不同的振荡频率和报警声，改变 R_5、R_6 及 C_4 的数值即可。

2. 调试步骤

（1）调节 R_p 至中间位置，接通电源，用手指敲击压电陶瓷片，听是否有报警声音。若无报警声，则往下调节 R_p，使其阻值减小，调到一个点，就用手指敲击一下压电陶瓷片，听是否报警。

（2）若还无报警声，则要加大敲击压电陶瓷片的力度，并重复步骤（1），但用力不可过大、过猛，反复调试，直至调试成功。

任务实施

按照上述步骤进行电路调试。

任务评价

任务评价见表4-5。

表4-5　任务评价

评价项目	评价内容	自评	互评	师评
学习态度(10分)	能否认真观察试验现象及完成任务			
安全意识(10分)	是否注意保护所用仪表、仪器			
完成任务情况(70分)	是否了解压电陶瓷片是如何感受振动的(20分)			
	是否能够进行压电陶瓷片的检测(10分)			
	是否能够正确制作警戒区报警电路(20分)			
	是否掌握观测振动变化的方法(20分)			
协作能力(10分)	与同组成员交流讨论解决不太清楚的问题			
总评	好(85~100分)，较好(70~84分)，一般(少于70分)			

模 块 四　压力传感器的应用

项目三

高分析压电薄膜振动感应片在玻璃破碎报警装置中的应用

任务引入

玻璃破碎报警器是在玻璃破碎时发出警报的安保器件,其在日常生活中有着重要应用,多数防盗系统中都有它的身影,比较常见的是在博物馆、珠宝店等。本项目是利用高分析压电薄膜振动感应片制作和调试玻璃破碎报警电路。

学习目标

1. 能够根据高分析压电薄膜振动感应片的特性正确选用压电薄膜振动感应片。
2. 能够识读高分析压电薄膜振动感应片的型号及技术指标。
3. 能够分析高分析压电薄膜振动感应片电路的信号检测和转换电路的工作原理。
4. 掌握高分析压电薄膜振动感应片玻璃破碎报警电路的调试方法。

学习目标

工具：电烙铁、镊子、偏口钳、螺丝刀等常用电子装接工具。
仪器、仪表：交流220 V电源、万用表。
元器件、材料：如表4-6所示的元器件、材料。

表4-6　元器件、材料清单

序号	名称	型号	单位	数量
1	高分析压电薄膜振动感应片	LDT0-028K	个	1
2	整流全桥	QL-1 A/50 V	个	1
3	晶闸管	MCR100-1(1 A，100 V)	个	1
4	三极管	9014(NPN 型)	个	3
5	二极管	1N4001	个	3
6	语音报警喇叭	LQ46-88D	个	1

续表

序号	名称	型号	单位	数量
7	微调电位器	470 kΩ（WH7 型）	个	1
8	电阻	4.7 kΩ	个	2
9	电阻	1 kΩ	个	2
10	电解电容	1 000 μF	个	1
11	电解电容	4.7 μF	个	1
12	电解电容	1 μF	个	2
13	电解电容	0.01 μF	个	1
14	按钮	LA38/203	个	1
15	电池	5 号电池	节	8
16	变压器	220 V/12 V、5 W 电源变压器	个	1
17	焊锡丝		m	1
18	电路板或面包板	75 mm×150 mm	块	
19	导线		m	2
20	松香		盒	1

任务一　高分析压电薄膜振动感应片的识别、检测和选用

知识准备

1. 高分析压电薄膜振动感应片的结构及工作原理

高分析压电薄膜振动感应片，即 PVDF（聚偏氟乙烯）压电薄膜，是一种新型的高分子压电材料，也是基于压电效应工作的。高分析压电薄膜振动感应片的实物及结构如图 4-7 所示，当它受到拉伸或弯曲时，薄膜上下电极表面之间就会产生一个电信号（电荷或电压），并且同拉伸或弯曲的形变成比例。就高分析压电薄膜而言，在纵向施加一个很小的力时，横向上会产生很大的应力，而如果对薄膜大面积施加同样的力，则产生的应力会小很多。薄膜只感受到应力的变化量，最低响应频率可达 0.1 Hz。因此，高分析压电薄膜对动态应力非常敏感，但不能探测静态应力。

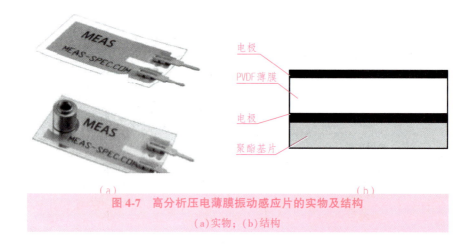

图 4-7 高分析压电薄膜振动感应片的实物及结构
(a)实物；(b)结构

2. 高分析压电薄膜振动感应片的特点

高分析压电薄膜振动感应片具有独特的压电效应，较传统压电材料声阻抗更容易匹配，灵敏度高。机械强度高，耐冲击、耐高热、耐腐蚀、耐紫外线辐射等能力强，其化学稳定性比压电陶瓷高 10 倍；并且质地柔软坚韧，质量轻，不易受水和化学药品的污染，价格较便宜。高分析压电薄膜振动感应片在厚度方向伸缩振动的谐振频率很高，频响宽度远优于普通压电陶瓷片。它还极其耐用，可以经受数百万次的弯曲和振动。因此，高分析压电薄膜振动感应片在许多领域中可替代压电陶瓷使用。

3. 高分析压电薄膜振动感应片的技术指标

高分析压电薄膜振动感应片的技术指标见表 4-7。

表 4-7 高分析压电薄膜振动感应片的技术指标

项　目	指　标
最小阻抗	1 MΩ
理想阻抗	10 MΩ 或更高
输出电压	10 mV ~ 100 V（取决于外力和电路阻抗）
压电常数 d_{33}	18 ~ 32 pc/N
相对介电常数 $\varepsilon/\varepsilon_0$	9 ~ 13
声速 c	2 000 m/s
机电耦合系数 k_{33}	10% ~ 14%
体积电阻率 ρ	10^{13} Ω·cm
热释电系数 γ	40 c/(cm^2·K)
探测灵敏度(4 Hz)	10^{11} m·Hz$^{1/2}$/W
使用温度	−40 ℃ ~ 80 ℃
工作温度	0 ℃ ~ 70 ℃

任务实施

识读高分析压电薄膜振动感应片的型号及技术指标。

任务二　简易玻璃破碎报警装置电路制作

简易玻璃破碎报警装置电路可用万能电路板制作，也可用面包板或模块制作。

知识准备

1. 高分析压电薄膜振动感应片的选用

简易玻璃破碎报警装置电路中的高分析压电薄膜振动感应片选用型号为 LDT0—028K 高分析压电薄膜振动感应片。

2. 制作步骤、方法和工艺要求

（1）对照元器件清单清点元器件数量，检测 LDT0—028K 高分析压电薄膜振动感应片的质量好坏。

（2）按照图 4-8 制作电路。元器件摆放要整齐，连接导线要横平竖直，焊点要大小均匀、圆滑且有光泽。

（3）将连接扬声器的导线焊接到电路板上。

（4）扬声器通过连接导线进行连接。

（5）检查无误后进行通电调试。

3. 高分析压电薄膜振动感应片使用注意事项

（1）LDT0—028K 是一个柔性元件，在 28 μmPVDF 压电膜上丝印银浆电极，薄膜被层压在 0.125 mm 聚酯基片上，并有两个压接端子。使用时，将压接端子引脚穿过印刷线路板焊在 PCB 板另一面的导电图形上。

（2）焊接前，先检测高分析压电薄膜振动感应片的外观。如果感应片上有污物，要拿布轻轻擦拭，以免影响测量结果。

（3）焊接时，焊点要选择在靠近高分析压电薄膜振动感应片的压接端子边缘处，尽可能不要选在靠近感应片的地方，以免烫坏薄膜层。

（4）构成高分析压电薄膜振动感应片的薄膜较薄，在使用过程中要轻拿轻放，防止跌落、剧烈撞击或敲打。

简易玻璃破碎报警装置电路如图 4-8 所示。

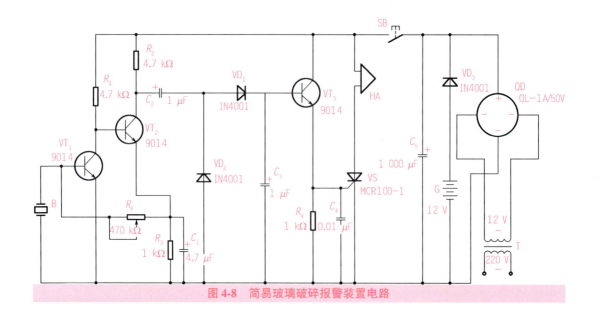

图 4-8　简易玻璃破碎报警装置电路

 任务实施

按图 4-8 将电路焊接在试验板上，认真检查电路，正确无误后调试电路。

任务三　简易玻璃破碎报警装置电路调试

知识准备

1. 电路组成

（1）接收转换电路：由高分析压电薄膜振动感应片 B 组成，将接收到的振动信号或响声转换成电信号。

（2）直耦式放大电路：由 VT_1、VT_2、R_1、R_2 等组成，将 B 转换的极其微弱的电信号加以放大。

（3）倍压整流电路：由 C_2、VD_2、C_3、VD_3 组成，利用 C_2 从 VT_2 的集电极上取出放大信号，经二极管 VD_1、VD_2 倍压整流后将 VT_3 导通。

（4）语音报警电路：由 VS、HA、SB 等组成，VT_3 导通后在 R_4 两端产生的压降将单向可控硅 VS 导通并锁存，语言报警喇叭 HA 通电反复发出"抓贼呀—"的喊声。按一下 SB，解除警报。

（5）电源电路：由 T、QD、C_5、VD_3、G 组成，由电源变压器 T 将 220 V 电压降为 12 V，经 QD 整流、C_5 滤波后供给电路工作。为了防止交流电源中断，还配备了 12 V 电池组，始终让报警电路处于准备状态，实用可靠。

2. 调试步骤

(1) 调节 R_p 至中间位置，接通电源，用手指敲击压电薄膜片，听是否有报警声音。若无报警声，则先往右调节 R_p，使其阻值减小，调到一个点，就用手指敲击一下压电薄膜片，听是否报警。

(2) 若还无报警声，则要加大敲击压电薄膜片的力度，并重复步骤(1)，但用力不可过大、过猛，反复调试，直至调试成功。

任务实施

按照上述步骤进行电路调试。

任务评价

任务评价见表 4-8 所示。

表 4-8 任务评价

评价项目	评价内容	自评	互评	师评
学习态度(10分)	能否认真观察试验现象及完成任务			
安全意识(10分)	是否注意保护所用仪表、仪器			
完成任务情况(70分)	是否了解压电薄膜片是如何感受振动的(20分)			
	是否能够识读压电薄膜片的型号及技术指标(10分)			
	是否能够正确制作玻璃破碎报警装置电路(20分)			
	是否掌握观测振动变化的方法(20分)			
协作能力(10分)	与同组成员交流讨论解决不太清楚的问题			
总评	好(85~100分)，较好(70~84分)，一般(少于70分)			

项目四

压阻式压力传感器在数字压力计中的应用

任务引入

利用压阻式压力传感器制作和调试数字压力计电路。

学习目标

1. 能够根据压阻式压力传感器特性正确选用压力传感器。
2. 能够识读压阻式压力传感器 MPX2100DP 的型号及技术指标。
3. 能够分析压阻式压力传感器电路的信号检测和转换电路的工作原理。
4. 掌握压阻式压力传感器在数字压力计电路中的调试方法。

学习准备

工具：电烙铁、镊子、偏口钳、螺丝刀等常用电子装接工具。
仪器、仪表：稳压电源、万用表。
元器件、材料：如表 4-9 所示的元器件、材料。

表 4-9 元器件、材料清单

序号	名称	型号	单位	数量
1	压阻式压力传感器	MPX2100DP	个	1
2	三端稳压集成电路	MC7805	个	1
3	集成运算放大器	OP07	个	4
4	数字电压表头专用 IC	ICL7107	个	1
5	LED 显示器	5011BH	个	2
6	微调电位器	100 kΩ	个	2
7	电阻	0.051 kΩ	个	1

项目四　压阻式压力传感器在数字压力计中的应用

续表

序号	名称	型号	单位	数量
8	电阻	10 kΩ	个	3
9	电阻	20 kΩ	个	2
10	电阻	47 kΩ	个	1
11	电阻	100 kΩ	个	7
12	电容	100 pF	个	1
13	电容	0.01 μF	个	1
14	电容	0.22 μF	个	1
15	电容	0.47 μF	个	1
16	电容	0.1 μF	个	3
17	电容	10 μF	个	1
18	平头砝码	500 g	个	5
19	焊锡丝		m	1
20	电路板或面包板	75 mm×150 mm	块	1
21	导线		m	2
22	松香		盒	1

任务一　压阻式压力传感器的识别、检测和选用

1. 压阻式压力传感器的结构及工作原理

压阻式压力传感器又称扩散硅压力传感器，是压力式传感器的一种，利用单晶硅的压阻效应工作。如图4-9所示，压阻式压力传感器采用单晶硅片为弹性元件，在单晶硅膜片上利用集成电路的工艺，在单晶硅的特定方向扩散一组等值电阻，并将电阻接成桥路，单晶硅片置于传感器腔内。压阻式压力传感器的工作原理如图4-10所示，当不受力作用时，电桥处于平衡状态，无电压输出；当受到压力作用时，单晶硅产生应变，使直接扩散在上面的应变电阻产生与被测压力成比例的变化，电桥失去平衡而输出电压，且输出的电压与压力成比例。

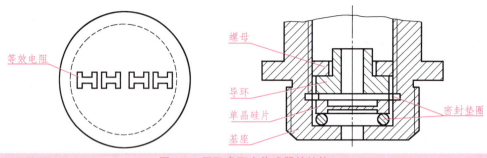

图 4-9　压阻式压力传感器的结构
(a) 单晶硅片；(b) 结构

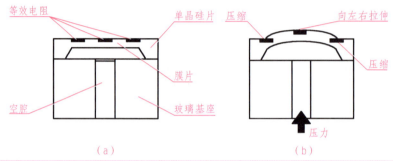

图 4-10　压阻式压力传感器的工作原理
(a) 加压之前；(b) 加压时

2. 压阻式压力传感器的特点

（1）灵敏度非常高，比金属应变片式压力传感器的灵敏度系数要大 50~100 倍，有时传感器的输出无须放大，可直接用于测量。
（2）压力分辨率高，它可以检测出 10~20 Pa 的微压。
（3）采用集成电路工艺加工，测量元件的有效面积可做得很小，故频率响应高、整体尺寸小、质量轻。
（4）工作可靠，综合精度高，且使用寿命长。
（5）便于实现数字化。

传感器对温度比较敏感，其温度误差较大，且制造工艺较复杂。

3. MPX2100DP 传感器技术指标

MPX2100DP 是一种压阻式压力传感器，在硅基片上用扩散工艺制成 4 个电阻值相等的应变元件构成惠斯顿电桥。电桥有恒压源供电和恒流源供电两种供电方式。当压力传感器受到压力作用时，一对桥臂的电阻值增大 ΔR，另一对桥臂的电阻值减小 ΔR，电阻变化量 ΔR 与压力成正比，即 $\Delta R = KP$，电桥输出电压 $u_o = E(\Delta R/R) = (EK/R)P$，即电桥输出电压与压力 P 成正比。MPX2100DP 有 4 个引脚，1 脚接地，3 脚加电源，2 脚和 4 脚之间输出与压力成正比的差模电压信号。MPX2100DP 传感器的技术指标如表 4-10 所示。

表 4-10 MPX2100DP 传感器的技术指标

项 目	指 标
标准包装	20
类别	传感器、转换器
系列	MPX2100DP
压力类型	绝对压力
工作压力	14.5 psi①
端口尺寸	公型，0.194″(4.927 6 mm) 管
输出	0~40 mV
精确度	—
电源电压	12 V
端接类型	PCB
工作温度	−40 ℃ ~ 125 ℃
封装/外壳	4-SIP 模块

① 1 psi = 6.895 kPa。

任务实施

识读压阻式压力传感器 MPX2100DP 的型号及技术指标。

任务二　简易数字压力计电路制作

简易数字压力计电路可用万能电路板制作，也可用面包板或模块制作。

模块四 压力传感器的应用

知识准备

1. 压阻式压力传感器的选用

简易数字压力计电路中的压阻式压力传感器选用型号为 MPX2100DP 的压阻式压力传感器。

2. 制作步骤、方法和工艺要求

（1）对照元器件清单清点元器件数量，检测 MPX2100DP 压阻式压力传感器的质量好坏。

（2）按照图 4-11 制作电路。集成电路 OP07、MC7805、ICL7107、5011BH 使用集成电路插座安装，集成电路插座焊好后再安装 OP07、MC7805、ICL7107、5011BH。每个元器件的摆放应以 ICL7107 为中心，靠近所连接的 ICL7107 管脚进行摆放。元器件摆放要整齐，连接导线要横平竖直，焊点要大小均匀、圆滑且有光泽。

（3）检查无误后进行通电调试。

3. MPX2100DP 压阻式压力传感器使用注意事项

（1）焊接前，先检测 MPX2100DP 压阻式压力传感器的外观。如果传感器的引脚有污物，需用布轻轻擦拭或用小刀轻刮，但注意用力不要过猛。

（2）检查 MPX2100DP 端口尺寸，保持端口气管安装孔的清洁。

（3）焊接时，一定要找准 MPX2100DP 的 4 个引脚，并注意引脚的朝向。仔细观察，有个小缺口的是 1 脚，依次下来是 2、3、4 脚。

（4）使用过程中，避免高低温干扰、高低频干扰和静电干扰。

（5）对 MPX2100DP 加压时，注意不要超过其工作压力，防止压力过载。

简易数字压力计电路如图 4-11 所示。

任务实施

按图 4-11 将电路焊接在试验板上，认真检查电路，正确无误后调试电路。

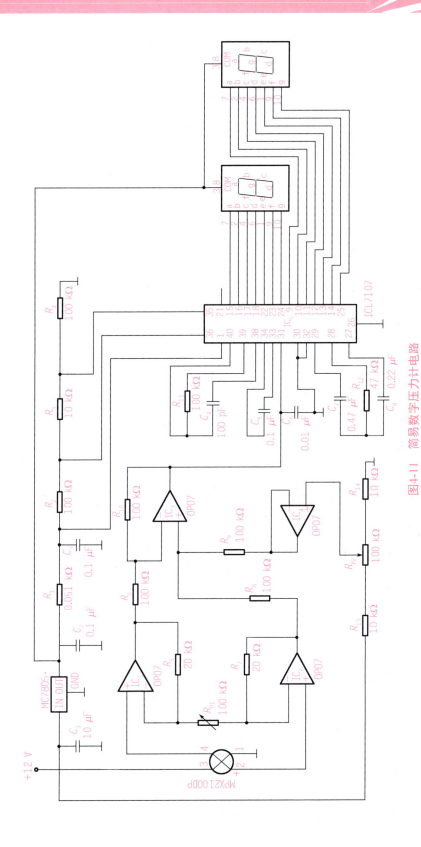

图4-11 简易数字压力计电路

任务三　简易数字压力计电路调试

知识准备

1. 电路组成

(1) 压力检测电路：由压阻式压力传感器 MPX2100DP 组成，感受压力，并传送给放大器。

(2) 放大电路：由 IC_1、IC_2、R_{p1} 等组成，将接收到的压力信号放大，以获得仪器放大器所需的高输入阻抗。通过调节 R_{p1} 调节放大器的增益，校准满量程压力时的显示数字。

(3) 差动放大器：主要由 IC_3 组成，获得较高的 CMRR（运算放大器共模抑制比）。

(4) 调零电路：主要由 IC_4、R_{p2} 组成，通过调节 R_{p2} 完成电路的调零设置。

(5) A/D 转换电路：主要由 IC_5 组成，将 IC_3 输出的模拟电压转换成数字量，驱动 LED 显示器显示。

(6) 显示电路：由 LED 显示器组成，将检测到的压力以数字形式显示出来。

2. 调试步骤

(1) 把气管套在 MPX2100DP 的两个测压头内，一定要把气管套紧，以免漏气。

(2) 接通电源，调节 R_{p2}，使 LED 显示器显示数字为零，完成电路的调零设置。

(3) 打开气泵，给 MPX2100DP 施加压力，慢慢调节气泵，使压力逐渐增大，注意动作要轻缓，不要太猛、太急。

(4) 施压至 0.1 MPa 时，停止施压，此时已达到 MPX2100DP 的工作压力，观察 LED 显示器的显示压力，调节 R_{p1}，使得显示压力与气泵输出压力吻合，完成数字压力计的校准工作。

(5) 调节气泵，使得压力在 0~0.1 MPa 内变化，观察气泵输出压力和显示压力，将结果记录在表格中。

任务实施

按照上述步骤进行电路调试，并将结果填在表 4-11、表 4-12 中。

表 4-11　测量结果（一）

气泵输出压力/MPa	0.01	0.03	0.05	0.07
显示压力/MPa				

表4-12 测量结果(二)

气泵输出压力/MPa	0.07	0.05	0.03	0.01
显示压力/MPa				

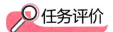

任务评价

任务评价见表4-13。

表4-13 任务评价

评价项目	评价内容	自评	互评	师评
学习态度(10分)	能否认真观察试验现象及完成任务			
安全意识(10分)	是否注意保护所用仪表、仪器			
完成任务情况(70分)	是否了解压阻式压力传感器是如何感受压力的(20分)			
	是否能够识读压阻式压力传感器的型号及技术指标(10分)			
	是否能够正确制作数字压力计电路(20分)			
	是否掌握观测压力变化的方法(20分)			
协作能力(10分)	与同组成员交流讨论解决不太清楚的问题			
总评	好(85~100分),较好(70~84分),一般(少于70分)			

课后习题

一、填空题

1. 电阻应变片是一种_____的敏感元件,也称电阻应变计或应变计或应变片,是基于_____制作的。

2. 电阻应变片中应用最多的是_____和_____两种。

3. 金属应变片主要由_____、_____、基底和_____构成。

4. 半导体应变片有_____、_____、扩散型等型式。

5. 简易电子秤电路主要由_____、_____、和_____电路组成。

6. 压电陶瓷片,俗称_____,是基于_____工作的,由_____和_____复合而成。

7. 压电陶瓷片的驱动方式有_____驱动和_____驱动两种。

8. 高分析压电薄膜振动感应片,即_____,是一种新型的高分子压电材料,也是基于_____工作的。

9. LDT0-028K 是一个_____元件,在_____上丝印_____,薄膜被层压在_____上,并有两个_____。

10. 简易玻璃破碎报警装置电路由电源电路、_____、_____、_____和语音报警电路组成。

11. 压阻式压力传感器又称_____,是压力式传感器的一种,利用单晶硅_____而构成。

12. MPX2100DP 是一种_____,在硅基片上用扩散工艺制成 4 个电阻阻值相等的应变元件构成_____。电桥有_____供电和_____供电两种供电方式。

二、选择题

1. 下面哪个不是电阻应变片的优点?(　　)

   A. 精度高　　　B. 寿命长　　　C. 频响特性好　　　D. 环境适应能力一般

2. 检测电阻应变式称重传感器时要(　　)。

   A. 测量内部电阻　　B. 检查外观　　C. 粗查线路　　D. 以上都要

3. (　　)应变片温度稳定性差,在较大应变作用下线性误差大。

   A. 箔式　　　B. 半导体　　　C. 丝式　　　D. 金属式

4. 采用(　　)驱动方式,压电陶瓷片工作在谐振频率 f_0 外的频率上,阻抗较高,输入电流较小。

   A. 电流　　　B. 自激振荡式　　　C. 他激振荡式　　　D. 以上都不是

5. 压电陶瓷片检测时要注意(   )。

A. 测试之前最好用 R×10k 挡，测其绝缘电阻应为无穷大，否则说明其漏电。

B. 测试时万用表不可用交流电压挡，否则观察不到指针摆动。

C. 测试时一定不可用湿手捏压电片，且用力不可过大、过猛，更不要随意弯折压电陶瓷片。

D. 以上均是

6. 检测压电陶瓷片时，如果发现指针静止不动，表示压电陶瓷片(   )。

A. 内部漏电　　　B. 外部破损　　　C. 内部短路　　　D. 外部漏电

7. 以下不是高分析压电薄膜振动感应片特点的是(   )。

A. 声阻抗容易匹配　　　　　　B. 化学稳定性高

C. 应变大时非线性较大　　　　D. 质地柔软坚韧

8. 压阻式压力传感器的特点包括(   )。

A. 便于实现数字化

B. 压力分辨率高，它可以检测出像 10~20Pa 这么小的微压。

C. 灵敏度非常高，有时传感器的输出不需放大可直接用于测量。

D. 以上都是

9. 现在使用的称重传感器，绝大部分使用的都是(   )传感器。

A. 压阻式　　　B. 电阻应变式　　　C. 压电式　　　D. 高分析薄膜式

10. 丝式应变片的敏感栅是由(   )制成的，平行排列。

A. 康铜丝　　　B. 铁丝　　　C. 铜丝　　　D. 铬丝

三、判断题

1. 金属电阻应变片允许通过的电流较小，测量精度较高，适用于测量要求较高的场合。(   )

2. 箔式应变片易于制成各种形状，便于大量生产，得到广泛应用。(   )

3. 半导体应变片较金属应变片，灵敏度系数高，机械滞后大，耗电多。(   )

4. 压电陶瓷片的谐振频率与复合振动片的直径成指数关系，直径越小，低频特性越好。(   )

5. 万用表检测压电陶瓷片时，指针摆幅越大，说明其灵敏度越高。(   )

6. 压电陶瓷片检测时可以用直流电压挡和交流电压挡。(   )

7. 高分析压电薄膜对动态应力非常敏感，不能探测静态应力。(   )

8. 检测高分析压电薄膜振动感应片的外观时，如果感应片有污物，可以拿水清洗。(   )

9. 压阻式压力传感器对温度比较敏感，温度误差小。(   )

10. MPX2100DP 的引脚有污物时，可以用布或小刀轻刮。(   )

四、简答题

1. 电阻应变式传感器的特点是什么？

2. 如何检测电阻应变式称重传感器？
3. 什么是应变效应？
4. 电阻应变式压力传感器使用时有哪些注意事项？
5. 写出压电效应的概念。
6. 如何检测压电陶瓷片的好坏？
7. 使用压电陶瓷片时有哪些注意事项？
8. 写出简易警戒区报警电路的电路组成及作用。
9. 写出高分析压电薄膜振动感应片使用时的注意事项。
10. 简易玻璃破碎报警装置电路由哪几部分电路组成，各部分作用怎样？
11. 压阻式传感器有哪些特点？
12. MPX2100DP 压阻式压力传感器使用注意事项有哪些？
13. 写出数字压力计电路的电路组成及各部分作用。

模块五

位移传感器的应用

模块学习目标

1. 了解各种位移传感器的特性，掌握其检测方法及应用。
2. 能够按照电路要求对电位器式位移传感器、光栅传感器、接近传感器、电感式传感器和超声波传感器进行电路组装，并学会使用万用表等测量工具检测调试电路。
3. 能够对测试数据进行正确的分析。
4. 通过各种位移传感器的高精度测量应用，培养学生认真细致、一丝不苟、精益求精的作风和科技报国的爱国情怀。

大国重器·造血通脉

电容式位移传感器

模块五 位移传感器的应用

项目一 电位器式位移传感器在机械行程控制位置检测电路中的应用

任务引入

在日常工作和生活中,电位器可以说是一种常用的机电元件,广泛应用于各类电气和电子设备中。电位器式位移传感器可将机械的直线位移或角位移输入量转换为与其成一定函数关系的电阻或电压输出。电位器式位移传感器除了用于线位移和角位移测量外,还可与相应的测量电路组成测力、测压、称重、测位移、测加速度、测扭矩、测温度等检测系统,电位器式位移传感器结构简单、线性和稳定性较好,已成为生产过程检测及实现生产自动化不可缺少的手段之一。

本项目利用电位器式位移传感器制作和调试机械行程控制位置检测电路,让学生在掌握知识技能的同时增强民族自信心与责任感。通过本项目的学习,学会正确选用电位器式位移传感器,并掌握其应用电路组装调试技能。

学习目标

1. 理解电位器式位移传感器的基本原理。
2. 掌握电位器式位移传感器的特点。
3. 能够正确选用电位器式位移传感器。
4. 学会调试和检测位移传感器的应用电路。

学习准备

工具:电烙铁、镊子、偏口钳、螺丝刀等常用电子装接工具。
仪器、仪表:稳压电源、万用表等。
元器件、材料:如表 5-1 所示的元器件、材料。

表 5-1 元器件、材料清单

序号	名称	型号	单位	数量
1	电位器式位移传感器	R_{p1},10 kΩ	个	1

项目一　电位器式位移传感器在机械行程控制位置检测电路中的应用

续表

序号	名称	型号	单位	数量
2	集成运算放大器	LM3324	个	1
3	集成电路	74LS08	个	1
4	电位器	R_{p2}，8.2 kΩ	个	1
5	电位器	R_{p3}，2 kΩ	个	1
6	电阻	R_1，10 kΩ	个	1
7	电阻	R_2，2 kΩ	个	1
8	电阻	R_3，8.2 kΩ	个	1
9	焊锡丝		m	1
10	电路板或面包板	75 mm×150 mm	块	
11	导线		m	2
12	松香		盒	1

任务一　电位器式位移传感器的识别、检测和选用

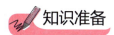
知识准备

1. 电位器式位移传感器的类型

电位器式位移传感器是通过电位器元件将机械位移转换成与之成线性或任意函数关系的电阻或电压输出。按照传感器的结构，电位器式位移传感器可分成两大类，一类是直线型电位器式位移传感器，另一类是旋转型电位器式位移传感器。普通直线型电位器和旋转型电位器可分别用作直线位移和角位移传感器。电位器式位移传感器是为实现测量位移目的而设计的电位器，在位移变化和电阻变化之间有一个确定关系。电位器式位移传感器的可动电刷与被测物体相连，物体的位移引起电位器移动端的电阻变化，阻值的变化量反映了位移的量值，阻值的增大或减小则表明位移的方向。通常在电位器上通以电源电压，以把电阻变化转换为电压输出。

1）直线型电位器式位移传感器

直线型电位器式位移传感器的工作原理和实物如图 5-1 所示。直线型电位器式位移传感器的工作台与传感器的滑动触点相连，当工作台左右移动时，滑动触点也随之左右移动，从而改变与电阻接触的位置，通过检测输出电压的变化量，确定以电阻中心为基准位置的移动距离。

直线型电位器式位移传感器主要用于检测直线位移，其电阻器采用直线型螺线管或直

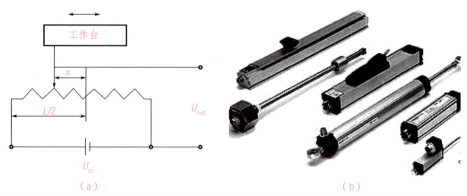

图 5-1 直线型电位器式位移传感器的工作原理和实物
(a)工作原理；(b)实物

线型碳膜电阻，滑动触点也只能沿电阻的轴线方向做直线运动。直线型电位器式位移传感器的工作范围和分辨率受电阻器长度的限制，线绕电阻、电阻丝本身的不均匀性会造成传感器的输入、输出关系的非线性。

2) 旋转型电位器式位移传感器

旋转型电位器式位移传感器的电阻元件呈圆弧状，滑动触点在电阻元件上做圆周运动。由于滑动触点等的限制，传感器的工作范围只能小于 360°。把图 5-1 中的电阻元件弯成圆弧形，可动触点的另一端固定在圆的中心，并顺时针回转时，由于电阻值随着回转角而改变，因此基于上述理论可构成角度传感器。

图 5-2 所示为旋转型电位器式位移传感器的工作原理和实物。当输入电压加在传感器的两个输入端时，传感器的输出电压与滑动触点的位置成比例。应用时，待测物体与传感器的旋转轴相连，这样根据测量的输出电压的数值即可计算出待测物对应的旋转角度。

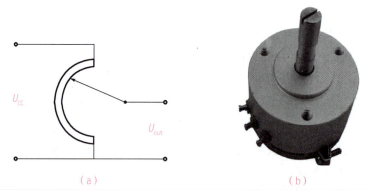

图 5-2 旋转型电位器式位移传感器的工作原理和实物
(a)工作原理；(b)实物

2. 电位器式位移传感器的特点

电位器式位移传感器具有性能稳定、结构简单、使用方便、尺寸小、质量轻等优点。它的输入/输出特性可以是线性的，也可以根据需要选择其他任意函数关系的输入/输出特性；它的输出信号选择范围很大，只需改变电阻器两端的基准电压就可以得到比较小的或比较大的输出电压信号。这种位移传感器不会因失电而丢失其已接收到的信息。当电源因故断开时，电位器的滑动触点将保持原来的位置不变，只要重新接通电源，原有的位置信息就会重新出现。

电位器式位移传感器的主要缺点是容易磨损，当滑动触点和电位器之间的接触面有磨损或有尘埃附着时会产生噪声，使电位器的可靠性和寿命受到一定的影响。

3. 电位器式位移传感器的应用

电位器式位移传感器在机械设备的行程控制及位置检测中占有很重要的地位，因其精度高、量程范围大、移动平滑、顺畅、分辨率高、寿命长等特点，尤其在较大位移测量中得到了广泛应用，如注塑机、成型机、压铸机、印刷机械、机床等。

在工程应用中，通过电位器式位移传感器将机械位移转换成电阻的变化，再通过应用电路将电阻的变化转换成电压的变化，并制成分度表；相应地，根据输出电压的数值即可知道位移的大小。

识别并检测电位器式位移传感器的性能好坏。

任务二 电位器式位移传感器的位置检测电路制作

电位器式位移传感器的位置检测电路可用万能电路板制作，也可用面包板或模块制作。

模 块 五 位移传感器的应用

知识准备

电位器式位移传感器的位置检测电路如图5-3所示。

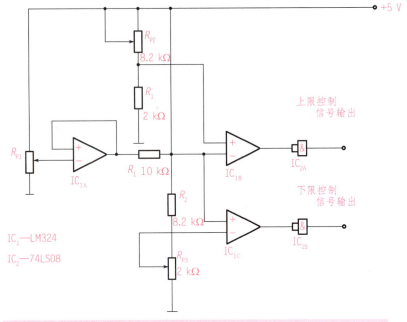

图 5-3　电位器式位移传感器的位置检测电路

任务实施

电位器式位移传感器 R_{p1} 的值为 10 kΩ，常见的阻值还有 1 kΩ、2 kΩ 及 5 kΩ 等。在工程应用中，需将阻值的变化转换成电压或电流等标准信号，电压主要有：0~5 V、0~10 V、±5 V 和 ±10 V，电流有 4~20 mA。图 5-3 中 R_{p1} 滑动端输出电压经 IC_{1A} 构成的电压跟随器送到由 IC_{1B} 和 IC_{1C} 组成的电压比较器，分别输出行程下限和上限控制信号。R_{p1} 滑动端输出电压为 0~5 V，则 IC_{1A} 输出电压也为 0~5 V。

对于 IC_{1C} 来说，若实际行程小于下限行程，则 IC_{1C} 输出为 0；若实际行程超过下限行程，则 IC_{1C} 输出为 5 V；而此时 IC_{1B} 始终为 5 V。

对于 IC_{1B} 来说，当实际行程小于上限时，输出的上限控制信号为 5 V；当实际行程超过上限时，此时 IC_{1B} 输出的上限控制信号为 0；而此时的 IC_{1C} 一直保持为 5 V。

图 5-3 中 R_{p2} 用于调节上限位置，其调节范围是 20~100 mm；R_{p3} 用于调节下限位置，其调节范围是 0~20 mm。

根据图 5-2(a) 组装制作电路，电路制作完成后，只要元器件参数正确、没有接错，电路参数不需要调试即可工作。

任务三　电位器式位移传感器的位置检测电路调试

知识准备

调试方法与步骤

（1）下限位置调节：将电位器式位移传感器调节到下限位置（如 5 mm 的位置），此时调节 R_{p3} 使 IC_{2B} 输出为低电平。在工作过程中，当电位器的位移小于 5 mm 时，IC_{2B} 输出为低电平。

（2）上限位置调节：将电位器式位移传感器调到上限位置（如 80 mm 的位置），调节 R_{p2} 使 IC_{2A} 输出为低电平；当传感器运动超过此位置时，IC_{2B} 输出为低电平。

该电路输出的两个信号可作为系统工作的上、下限位置检测信号，此信号类似于机械运动中的行程开关。可将此信号送到控制电路作为往复运动的控制信号，也可将此信号送到 MCU 作为工件的位置信号。

任务实施

按照上述步骤进行电路调试，并将结果填在表 5-2 中。

表 5-2　试验测试记录

	R_{p1} 滑动端输出电阻	IC_{1B} 输出电压	IC_{1C} 输出电压
上限位置调节			
下限位置调节			

任务评价

任务评价见表 5-3。

表 5-3　任务评价

评价项目	评价内容	自评	互评	师评
学习态度(10分)	能否认真观察试验现象及完成任务			
安全意识(10分)	是否注意保护所用仪表、仪器			
完成任务情况(70分)	是否了解电位器式位移传感器是如何测位移的(20分)			
	是否能够进行电位器式位移传感器元件的检测(10分)			
	是否能够正确制作位置检测电路(20分)			
	是否掌握观测位置变化的方法(20分)			
协作能力(10分)	与同组成员交流讨论解决不太清楚的问题			
总评	好(85~100分),较好(70~84分),一般(少于70分)			

项目二

光栅传感器在数控机床位移检测电路中的应用

任务引入

光栅传感器指采用光栅叠栅条纹原理测量位移的传感器。由光栅形成的叠栅条纹具有光学放大作用和误差平均效应,因而能提高测量精度。光栅传感器的优点是量程大、精度高和响应速度快,其主要应用在程控、数控机床和三坐标测量机构中,可测量静、动态的直线位移和整圆角位移。另外,光栅传感器在机械振动测量、变形测量等领域也有应用。

本项目利用光栅传感器制作和调试数控机床位移检测电路,培养学生精益求精的工作作风。通过本项目的学习,学会光栅传感器位移检测电路的安装和调试。通过光栅传感器的位移检测应用训练,掌握常用光栅传感器检测位移的方法。

学习目标

1. 了解光栅传感器的类型和结构。
2. 掌握光栅传感器的特性和工作原理。
3. 能够正确识别和选用光栅传感器。
4. 能够完成光栅传感器检测位移电路的组装并正确测量位移。

学习准备

工具:电烙铁、镊子、尖嘴钳、偏口钳、螺丝刀等常用电子装接工具。
仪器、仪表:直流稳压电源、万用表、示波器、数据采集卡、排线。

任务一　光栅传感器的识别、检测和选用

知识准备

光栅传感器是数控机床上应用较多的一种检测装置，主要用来检测高精度的直线位移和角位移。光栅传感器为动态测量元件，按运动方式分为长光栅和圆光栅，如图 5-4 所示。长光栅用来测量线位移，圆光栅用来测量角位移。下面首先介绍光栅传感器的基本知识。

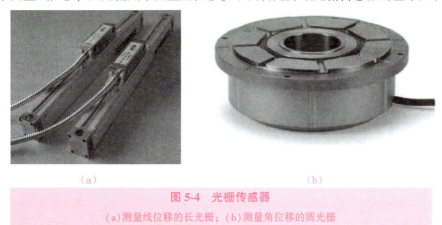

图 5-4　光栅传感器
(a)测量线位移的长光栅；(b)测量角位移的圆光栅

1. 光栅

在玻璃基体上刻有均匀分布的细小条纹，这些条纹黑白相间、间隔相同，没有刻划的白的地方透光，刻划的发黑，不透光，这就是光栅，如图 5-5 所示。光栅是一种新型的位移检测元件，是一种将机械位移或模拟量转变为数字脉冲的测量装置，有长光栅和圆光栅两种。其特点是测量精确度高(可达±1 μm)、响应速度快、量程范围大(一般为 1~2 m，连接使用可达到 10 m)及可进行非接触测量等。因其易于实现数字测量和自动控制，故广泛用于数控机床和精密测量中。

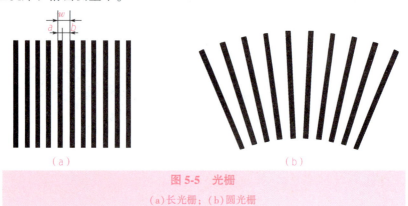

图 5-5　光栅
(a)长光栅；(b)圆光栅

2. 光栅传感器的结构

光栅传感器的结构如图 5-6 所示，主要由光源、标尺光栅、指示光栅和光电元件组成。通常，标尺光栅和被测物体相连，随被测物体的直线位移而产生位移。一般标尺光栅和指示光栅的刻线密度是相同的，刻线之间的距离 w 称为栅距。光栅条纹密度一般为每毫米 25 条、50 条、100 条、250 条等。

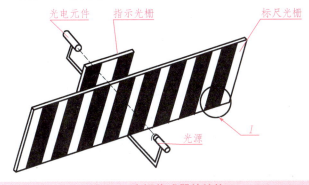

图 5-6　光栅传感器的结构

在测量时，一般指示光栅固定不动，标尺光栅随测量工作台(或主轴)一起移动。但在使用长光栅尺的数控机床中，标尺光栅往往固定在床身上不动，而指示光栅随拖板一起移动。标尺光栅的尺寸常由测量范围确定，指示光栅则为一小块，只要能满足测量所需的莫尔条纹数量即可。

3. 光栅传感器的检测原理

1) 莫尔条纹

将栅距 w 相同的两块光栅的刻线面相对重叠在一起，并且使二者栅线有很小的交角 θ，这样就可以看到在近似垂直栅线方向上出现明暗相间的条纹，称为莫尔条纹，如图 5-7 所示。

莫尔条纹具有以下特点：

(1) 莫尔条纹的位移与光栅的移动成比例。当指示光栅不动，标尺光栅左右移动时，莫尔条纹将沿着垂直于栅线的方向上下移动；光栅每移动一个栅距 w，莫尔条纹就移动一个条纹间距 B，查看莫尔条纹的移动方向，即可确定主光栅的移动方向。

(2) 莫尔条纹具有位移放大作用。莫尔条纹的间距 B 与两光栅条纹夹角 θ 之间的关系为

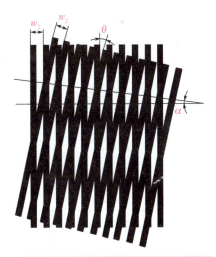

图 5-7　莫尔条纹

$$B = \frac{w}{2\sin\frac{\theta}{2}} \approx \frac{w}{\theta} \qquad (5-1)$$

式中，θ 的单位为 rad，B 和 w 的单位为 mm。因此莫尔条纹的放大倍数为

$$k = \frac{B}{w} \approx \frac{1}{\theta} \qquad (5-2)$$

可见，θ 越小，放大倍数越大。实际应用中，θ 角的取值范围很小。例如，当 $\theta = 10'$ 时，$K = 1/\theta = 1/0.029\ \text{rad} \approx 345\ \text{rad}$。也就是说指示光栅与标尺光栅相对移动一个很小的距离 w 时，若 $w = 0.01\ \text{mm}$，把莫尔条纹的宽度调成 10 mm，即利用光的干涉现象把光栅间距放大 1 000 倍，得到一个很大的莫尔条纹移动量，可以通过测量条纹的移动来检测光栅微小的位移，从而实现高灵敏度的位移测量，因而大大降低了电子线路的负担。

(3) 莫尔条纹具有平均光栅误差的作用。莫尔条纹是由一系列刻线的交点组成，它反映了形成条纹的光栅刻线的平均位置，对各栅距误差起了平均作用，减弱了光栅制造中的局部误差和短周期误差对检测精度的影响。

2) 光栅传感器测量位移的工作原理

在利用光栅传感器测量位移时，是由一对光栅副中的主光栅（即标尺光栅）和副光栅（即指示光栅）进行相对移动的，标尺光栅固定在机床不动部件上，长度等于工作台移动的全行程，指示光栅固定在机床移动部件上，标尺光栅和指示光栅保持一定间隔，并在自身的平面内转一个角度 θ，如图 5-7 所示。当光源以平行光照射光栅时，在光的干涉与衍射共同作用下产生黑白相间（或明暗相间）的规则条纹图形，即莫尔条纹。由式(5-1)可知，直线位移反映在光栅的栅距上，当光栅移动一个栅距，莫尔条纹相应移动一个纹距。根据光栅移动与莫尔条纹移动的对应关系，经过光电器件转换使黑白相间（或明暗相间）的条纹（光强信号）转换成呈正弦波变化的电压信号，再经过放大器放大、整形电路整形后，得到两路相差为 90° 的正弦波或方波。由此可知，每产生一个方波，就表示光栅移动了一个栅距，最后通过逻辑电压转换电路变为一个窄脉冲，这样就变成了由脉冲表示栅距，通过对脉冲计数便可得到工作台的移动距离。光栅传感器测量位移的工作原理如图 5-8 所示。

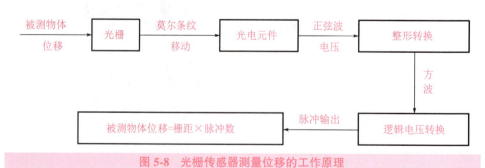

图 5-8　光栅传感器测量位移的工作原理

项目二　光栅传感器在数控机床位移检测电路中的应用

任务实施

识别并检测光栅传感器的性能好坏。

任务二　光栅传感器的位移检测电路制作

光栅传感器的位移检测电路可用万能电路板制作，也可用面包板或模块制作。

知识准备

由于长光栅输出的是数字信号，便于与数控系统连接，而且精度较高，因此在数控机床中得到了广泛应用。本任务是利用光栅传感器构成一个检测直线位移的检测电路，所使用的传感器如图5-9所示，与其配套的试验模块如图5-10所示。

图5-9　光栅传感器

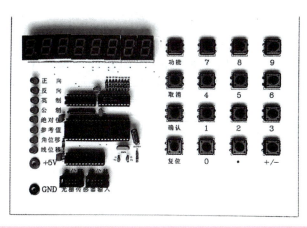

图5-10　光栅传感器试验模块

113

模块五 位移传感器的应用

任务实施

认识光栅传感器的位移检测模块,并检测模块性能,确保传感器和模块性能良好。

任务三　光栅传感器的位移检测电路调试

知识准备

调试方法与步骤

（1）将光栅传感器和光栅传感器试验模块接通电源（15 V，5 V）。

（2）将采集卡的地线接到电源地,采集卡接口 D01～D04 分别接到图 5-9 光栅传感器"步进电动机驱动模块"的 A、B、C、D。光栅传感器输出通过一根排线接到图 5-10 光栅传感器试验模块的"光栅传感器输入—线位移",打开固定电源开关。

（3）通过 USB 数据线将数据采集卡与计算机相连,并打开虚拟示波器,在弹出的窗口中单击"电动机控制",弹出"电动机控制"对话框,在"设置单位步长"对话框中输入表 5-4 所示的单位步长时间,"控制方式"选择步进电动机,按电动机"启动"键,步进电动机开始旋转,并带动丝杠一起旋转,螺母随着丝杠的旋转开始做直线运动,产生位移,光栅传感器检测后,在光栅传感器试验模块上显示其位移量,启动 30 s 后,按电动机"停止"键,并记录下 30 s 内丝杠螺母的直线位移量。

（4）按照表 5-4 改变"设置单位步长"的单位步长时间,控制步进电动机转动的速度,并记录 30 s 内丝杠螺母的直线位移量。

（5）实验完毕,关闭电源,按规范要求整理实验设备和工作现场。

任务实施

按照上述步骤进行电路调试,并将结果填在表 5-4 内。

项目二 光栅传感器在数控机床位移检测电路中的应用

表 5-4 试验参数记录

单位步长时间/ms	10	20	30	40	50	60	70	80	90	100
直线位移/mm										

任务评价见表 5-5。

表 5-5 任务评价

评价项目	评价内容	自评	互评	师评
学习态度(10分)	能否认真观察试验现象及完成任务			
安全意识(10分)	是否注意保护所用仪表、仪器			
完成任务情况(70分)	是否正确识别光栅传感器(10分)			
	是否能够进行光栅传感器元件检测(10分)			
	是否能够正确制作光栅传感器位移检测电路(30分)			
	是否掌握光栅传感器位移检测电路的调试方法(20分)			
协作能力(10分)	与同组成员交流讨论解决不太清楚的问题			
总评	好(85~100分),较好(70~84分),一般(少于70分)			

项目三 接近传感器在防触电警告电路中的应用

任务引入

接近传感器，是对接近它的物件有"感知"能力的元件，这类传感器不需要接触被检测物体，当有物体移向该传感器，并接近到一定距离时，接近传感器就有"感知"。利用位移传感器对接近物体的敏感特性制作的开关，就是接近开关，是以无须接触检测对象进行检测为目的的传感器，通过检测对象的移动信息和存在信息并转换为电气信号来实现检测目的。

本项目利用接近传感器制作和调试防触电警告电路，对学生进行生命安全教育。通过本项目的学习，了解接近传感器的特点，学会正确使用接近传感器，并掌握接近传感器应用电路的安装和检测技能。

学习目标

1. 理解接近传感器的基本原理。
2. 掌握接近传感器的特点。
3. 能够正确选用接近传感器。
4. 学会调试和检测接近传感器的应用电路。

学习准备

工具：电烙铁、镊子、偏口钳、螺丝刀等常用电子装接工具。
仪器、仪表：稳压电源、万用表等。
元器件、材料：如表5-6所示的元器件、材料。

表5-6 元器件、材料清单

序号	名称	型号	单位	数量
1	接近传感器	RD627A	个	1

续表

序号	名称	型号	单位	数量
2	集成运算放大器	LM393	个	1
3	集成运算放大器	LM386	个	1
4	集成电路	555	个	2
5	电位器	100 kΩ	个	1
6	电阻	10 kΩ	个	2
7	电阻	100 kΩ	个	2
8	电阻	15 kΩ	个	1
9	电阻	1 MΩ	个	1
10	电阻	100 Ω	个	1
11	电阻	190 kΩ	个	1
12	电阻	390 Ω	个	1
13	电阻	11 kΩ	个	1
14	电解电容	10 μF	个	3
15	电解电容	47 μF	个	2
16	电解电容	100 μF	个	2
17	电解电容	1 μF	个	1
18	瓷片电容	0.01 μF	个	2
19	三极管	850	个	1
20	稳压管	2CW52	个	1
21	扬声器	8 Ω	个	1
22	焊锡丝		m	1
23	电路板或面包板	150 mm×150 mm	块	1
24	导线		m	2
25	松香		盒	1

任务一　接近传感器的识别、检测和选用

知识准备

1. 认识接近传感器

在传感器中能以非接触方式检测到物体的接近和附近检测对象有无的产品总称为接近传感器或接近开关。接近开关又称无触点行程开关，它能在一定的距离内检测有无物体靠

近。当物体与其接近到设定距离时，就可以发出"动作"信号，常用作位置检测。接近开关的核心部分是"感辨头"，它对正在接近的物体有较高的感辨能力。

常用的接近开关如图 5-11 所示，有电涡流式（俗称电感接近开关）、电容式、磁性弹簧式、霍尔式、光电式、微波式、超声波式等。本项目主要介绍微波式接近开关。

图 5-11 常用的接近开关

2. 接近传感器的特点

优点 ➡ 接近传感器与被测物不接触，不会产生机械磨损和疲劳损伤，工作寿命长，响应快，无触点，无火花，无噪声，防潮、防尘、防爆性能较好，输出信号负载能力强，体积小，安装、调整方便。

缺点 ➡ 触点容量较小，输出短路时易烧毁。

3. 接近传感器的主要性能指标

（1）动作（检测）距离：指被测物按一定方式移动时，从基准位置（接近开关的感应表面）到开关动作时测得的基准位置到检测面的空间距离。额定动作距离是指接近开关动作距离的标称值。

（2）设定距离：指接近开关在实际工作中的整定距离，一般为额定动作距离的 0.8 倍。被测物与接近开关之间的安装距离一般等于额定动作距离，以保证工作可靠。安装后还需通过调试，然后紧固。

（3）复位距离：接近开关动作后，又再次复位时与被测物的距离，它略大于动作距离。

（4）回差值：动作距离与复位距离之间的绝对值。回差值越大，抵抗外界的干扰及被测物的抖动等的能力就越强。

（5）响应频率 f：按规定，在 1 s 的时间间隔内，接近开关动作循环的最大次数，重复频率大于该值时，接近开关无反应。

（6）响应时间 t：接近开关检测到物体的时刻与接近开关出现电平状态翻转时刻的时间差。可用公式换算：

项目三　接近传感器在防触电警告电路中的应用

$$t = \frac{1}{f}$$

(7) 输出状态：常开/常闭型接近开关：当无检测物体时，对常开型接近开关而言，由于接近开关内部的输出三极管截止，所接的负载不工作(失电)；当检测到物体时，内部的输出三极管导通，负载得电工作。对常闭型接近开关而言，当未检测到物体时，三极管反而处于导通状态，负载得电工作；反之则负载失电。

(8) 导通压降：接近开关在导通状态时，开关内部的输出三极管集电极与发射极之间的电压降。一般情况下，导通压降约为 0.3 V。

4. 微波式接近传感器的结构及工作原理

1) 微波式接近传感器的结构

微波振荡器和微波天线是微波式接近传感器的重要组成部分。微波振荡器是产生微波的装置。由于微波波长很短，频率很高，要求振荡回路具有较小的电感和电容，因此不能用普通晶体管构成微波振荡器。构成微波振荡器的器件有速调管、磁控管或某些固体元件。小型微波振荡器也可以采用场效应管。由微波振荡器产生的振荡信号需要用波导管，波长在 10 cm 以上可用同轴线传输，并通过天线发射出去，为了使发射的微波信号具有一致的方向，天线应具有特殊的结构和形状。常用的天线有喇叭形天线和抛物面天线等。

2) 微波式接近传感器的工作原理

由发射天线发出的微波，遇到被测物体时将被吸收或反射，使其功率发生变化。若利用接收天线接收透过被测物或由被测物反射回来的微波，并将它转换成电信号，再由测量电路处理，就实现了微波检测。

任务实施

识别并检测微波式接近传感器的性能好坏。

任务二　接近传感器的位置检测电路制作

接近传感器的位置检测电路可用万能电路板制作，也可用面包板或模块制作。

知识准备

微波式接近传感器组成的防触电警告器电路如图 5-12 所示。

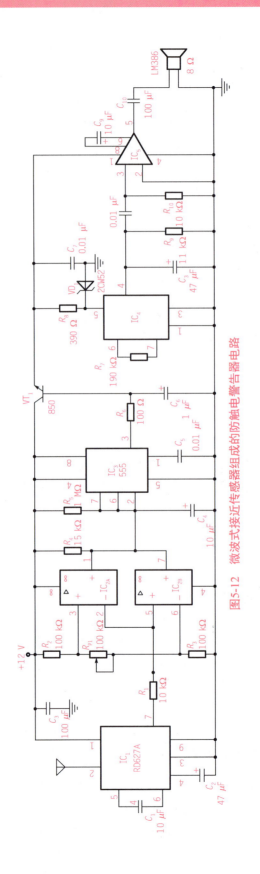

图5-12 微波式接近传感器组成的防触电警告器电路

项目三　接近传感器在防触电警告电路中的应用

工作原理：
　　微波式防触电警告器可在人体接近防范区时，将人体位移信号转换成电声信号，由扬声器发出"有电危险，请勿靠近"的警告声。

　　如图 5-12 所示，微波式接近防触电警告器电路主要由微波发射与探测电路、比较器、触发延时电路、放大及语言报警电路等组成。

　　IC_1 为多普勒传感器模块，它内部由振荡器、微波发射、多普勒接收、放大检波及限幅等电路组成，工作时，IC_1 内部振荡器产生的微波信号经天线向周围的空间发射出去，形成一个约 100 m² 的防范空间。当人体在这个区域走动时，反射回来形成的多普勒频率经 IC_1 内部电路的一系列处理，在 IC_1 的 7 脚输出一个与人体移动相关联的直流电平，该电平的幅值随人体离天线的距离大小而变化，人体离天线越近，该电平变化的幅值也越大。IC_2 为双电压比较器，用来对 IC_1 输出的电平进行比较鉴别。A_1 和 A_2 组成窗口比较器，当输出信号电平位于 A_1 和 A_2 比较器门限电平之间时，两比较器均输出高电平；当输出信号电平超出门限电平范围时，两比较器均输出低电平。用此低电平触发 IC_3 组成的单稳延时电路，在暂稳的时间内，IC_3 的 3 脚输出高电平，使 VT_1 导通，由 IC_4 和 IC_4 组成的语音及功率放大电路得电工作，警告语音信号经放大后由扬声器发出警告声。待 IC_3 暂稳态过后，IC_3 的 3 脚恢复低电平，使 VT_1 截止，IC_4 和 IC_5 失电，警告停止。此时，若防范区内仍有人在，则重复上述过程，直到来人离开防范区后，警告才结束。

任务实施

　　按图 5-12 将电路焊接在试验板上并认真检查电路，正确无误后，将各集成块安装在对应的底坐上。

任务三　接近传感器的位置检测电路调试

知识准备

　　调试方法与步骤：
　　电路组装完成检查无误后，接通电源，改变人离天然的距离，按照下述步骤进行电路调试，并将结果填在表 5-7 内。
　　(1) 人站在距离 IC_1 天线 1 m 远的地方，根据表 5-7 测试并记录相应数据。
　　(2) 人站在距离 IC_1 天线 3 m 远的地方，根据表 5-7 测试并记录相应数据。
　　(3) 人站在距离 IC_1 天线 5 m 远的地方，根据表 5-7 测试并记录相应数据。
　　(4) 试验完毕，关闭电源，按规范要求整理试验设备和工作现场。

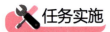 任务实施

电路组装完成后,改变人离天线的距离,按照上述步骤进行电路调试,并将结果填在表 5-7 内。

表 5-7 试验参数记录

人离天线的距离/m	IC_1 的 7 脚电压/V	LM393 的 1 脚电压/V	LM393 的 7 脚电压/V
1			
3			
5			

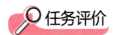 任务评价

任务评价见表 5-8。

表 5-8 任务评价

评价项目	评价内容	自评	互评	师评
学习态度(10 分)	能否认真观察试验现象及完成任务			
安全意识(10 分)	是否注意保护所用仪表、仪器			
完成任务情况(70 分)	是否了解接近传感器是如何测位移的(20 分)			
	是否能够进行接近传感器元件的检测(10 分)			
	是否能够正确制作接近传感器防触电警告器电路(20 分)			
	是否掌握电路测试的方法(20 分)			
协作能力(10 分)	与同组成员交流讨论解决不太清楚的问题			
总评	好(85~100 分),较好(70~84 分),一般(少于 70 分)			

项目四

电感传感器在电动测微仪中的应用

任务引入

电感传感器是利用电磁感应原理把被测的物理量(如位移、压力、流量、振动等)转换成线圈的自感系数或互感系数的变化,再由电路转换为电压或电流的变化量输出,实现非电量到电量的转换。数控机床加工工件时经常要对工件尺寸进行检测,检测其是否达到加工要求的精度,即可使用电感传感器构成电动测微仪进行检测。工件的尺寸变化将引起电动测微仪的测微头位移发生变化,因此电动测微仪是电感传感器测位移的一个典型应用。

本项目利用差动变压器式电感传感器制作和调试电动测微仪中的位移检测电路,培养学生精益求精的工匠精神,通过本项目的学习,应能正确使用差动变压器式电感传感器测量位移。

学习目标

1. 理解差动变压器式电感传感器测量微小位移的基本原理。
2. 能够识别并正确选用差动变压器式电感传感器。
3. 掌握差动变压器式电感传感器测量位移的方法。
4. 学会调试和检测差动变压器式电感传感器的应用电路。

学习准备

工具:电烙铁、镊子、偏口钳、螺丝刀等常用电子装接工具。
仪器、仪表:稳压电源、万用表、示波器。
元器件、材料:如表5-9所示的元器件、材料。

表5-9 元器件、材料清单

序号	名称	型号	单位	数量
1	差动变压器式电感传感器	T_1	个	1
2	集成运算放大器	U_1,U_2 LM741CN	个	2
3	集成电路	U_3 NE555	个	1

续表

序号	名称	型号	单位	数量
4	瓷片电容	C_1，C_2，C_6 0.1 μF	个	3
5	瓷片电容	C_3 0.22 μF	个	1
6	瓷片电容	C_4 1 μF	个	1
7	瓷片电容	C_5 0.01 μF	个	1
8	二极管	D_1，D_2，D_3，D_4 1N4148	个	4
9	二极管	D_5，D_6 1N4007	个	2
10	三极管	Q_1 2SC1815	个	1
11	电阻	$R_1 \sim R_4$ 51 kΩ	个	4
12	电阻	R_5，R_{13} 2 kΩ	个	2
13	电阻	R_6 5.1 kΩ	个	1
14	电阻	R_7 33.9 kΩ	个	1
15	电阻	R_8 15.39 kΩ	个	1
16	电阻	R_9 3 kΩ	个	1
17	电阻	R_{10} 150 kΩ	个	1
18	电阻	R_{11} 130 kΩ	个	1
19	电阻	R_{12} 4.7 kΩ	个	1
20	电阻	R_{14} 10 kΩ	个	1
21	电阻	R_{15}，R_{16} 1 kΩ	个	2
22	电位器	W_1，W_3 10 kΩ	个	2
23	电位器	W_2 470 kΩ	个	1
24	焊锡丝		m	1
25	电路板或面包板	150 mm×150 mm	块	1
26	导线		m	2
27	松香		盒	1

任务一　差动变压器式电感传感器的识别、检测和选用

知识准备

电感传感器是由铁芯和线圈构成的将直线或角位移的变化转换为线圈电感量变化的传感器，又称电感式位移传感器。这种传感器的线圈匝数和材料磁导率都是一定的，其电感量的变化是由于位移输入量导致线圈磁路的几何尺寸变化而引起的。当把线圈接入测量电

路并接通激励电源时,就可获得正比于位移输入量的电压或电流输出。常用的电感传感器有变气隙式、变面积式和螺管插铁式。在实际应用中,这三种传感器多制成差动式,以便提高线性度和减小电磁吸力所造成的附加误差。本项目主要介绍差动变压器式电感传感器。

1. 差动变压器的结构

差动变压器式电感传感器,又称为差动变压器,是一种线圈互感随衔铁位移变化而变化的变磁阻式传感器。它与变压器的不同之处是:前者为开磁路,后者为闭合磁路;前者初、次级绕组间的互感随衔铁移动而变,且两个次级绕组按差动方式工作,而后者初、次级绕组间的互感为常数。差动变压器式传感器与自感式传感器统称为电感式传感器。差动变压器的结构形式主要有变气隙式、变面积式和螺管式。目前应用最广的是螺管式差动变压器,其结构如图5-13所示,它可以测量 1~100 mm 的机械位移,并具有测量精度高、灵敏度高、结构简单、性能可靠等优点。常见的差动变压器如图5-14所示。

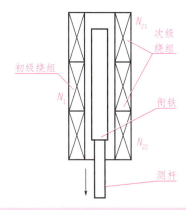

图 5-13 螺管式差动变压器的结构

图 5-14 常见的差动变压器
(a)测直线位移的差动变压器;(b)测角位移的差动变压器

差动变压器式传感器主要由一个初级绕组、两个次级绕组和衔铁构成,当衔铁移动时,引起初、次级绕组之间的互感量发生变化,由于两个次级绕组反向串联,差动输出,故得名差动变压器式传感器。

2. 差动变压器的工作原理

差动变压器的工作原理如图5-15所示,当初级绕组加入激励电源后,其次级绕组会产生感应电动势。当衔铁处于中间位置时,互感系数相等,两个绕组的互感 $M_1 = M_2 = M$,$U_{21} = U_{22}$。由于两个次级绕组反向串联,所以差动变压器的输出电压 $U_0 = 0$,此时处于平衡位置。当衔铁随被测量移动偏离中间位置时,互感系数不相等,两个线圈的电感一个增加，一个减小，形成差动形式，此时 M_1 和 M_2 不再相等，经测量电路转换成一定的输出电压，衔铁移动方向不同，输出电压的相位也不同。

差动变压器的输出特性如图 5-16 所示，图中 x 表示衔铁位移量。当差动变压器的结构及电源电压一定时，互感系数 M_1、M_2 的大小与衔铁的位置有关。

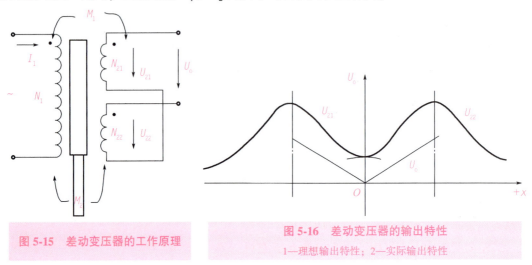

图 5-15　差动变压器的工作原理

图 5-16　差动变压器的输出特性
1—理想输出特性；2—实际输出特性

识别并检测差动变压器式传感器的性能好坏。

任务二　电感传感器的电动测微仪检测电路制作

电感传感器的电动测微仪检测电路可用万能电路板制作，也可用面包板或模块制作。

电感传感器的位移测量电路如图 5-17 所示。

项目四 电感式传感器在电动测微仪中的应用

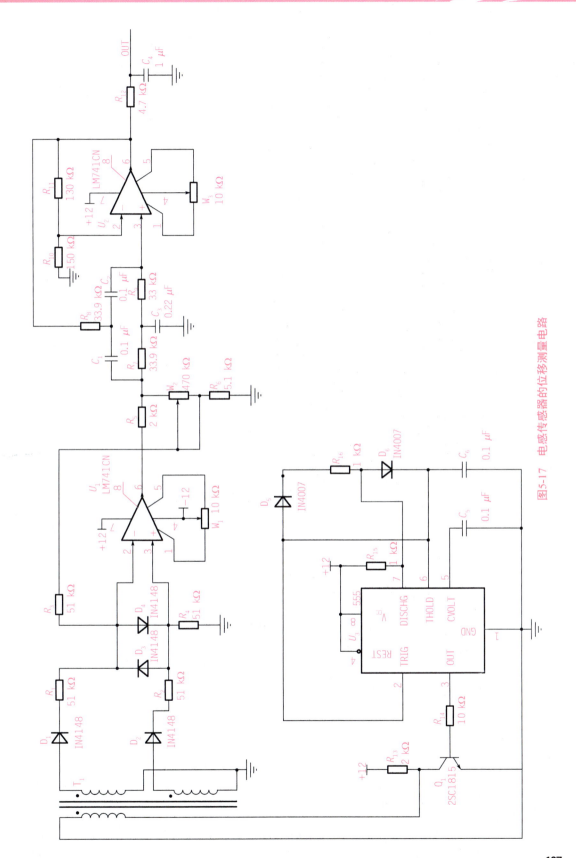

图5-17 电感传感器的位移测量电路

1. 电路组成及原理

直流差分变压器电路可用于差分变压器与控制室相距较远（大于 100 m）、要求设备之间不产生干扰、便于携带测量的场合。直流差分变压器组成的电感式测微仪检测电路如图 5-17 所示，由多谐振荡器电路、差分整流电路、放大电路、滤波电路和直流电源五部分组成。Q_1、U_3、R_{13}、R_{14}、R_{15}、R_{16}、D_5、D_6、C_5、C_6 组成多谐振荡器电路；T_1、D_1、D_2 组成简单的差分整流电路；R_1、R_2、R_3、R_4、R_5、R_6、D_3、D_4、U_1、W_1、W_2 组成差分运算放大电路；R_7、R_8、R_9、R_{10}、R_{11}、R_{12}、C_1、C_2、C_3、C_4、U_2、W_3 组成有源低通滤波电路。

1）多谐振荡器电路

由 U_3(555)、R_{15}、R_{16}、D_5、D_6、C_5、C_6 构成多谐振荡器，振荡频率为 6 kHz 的方波信号（可微调 R_{15}、R_{16} 改变振荡频率），由 555 的 3 脚输出经 R_{14}、Q_1、R_{13} 倒相后为直流差分变压器电路提供一定功率的激励信号源。

2）差分整流电路

差分变压器 T_1 次级绕组同名端串接成差分方式输出，由二极管 D_1 和 D_2 分别对两个次级绕组的感应电动势整流并送入下级进行放大。这种差分整流电路结构简单，无须考虑相位调整和零位输出电压的影响，无须比较电压绕组，也不必考虑感应和分布电容的影响，且整流电路在差分电路一侧，两根直流输送线连接方便，可进行远距离输送。

差分变压器 T_1 由一个初级绕组和两个次级绕组及一个铁芯组成，铁芯与被测物体相连，被测物体移动时带动铁芯运动，从而使铁芯的位置发生变化。当铁芯在差分变压器式传感器的中间位置时，两个次级绕组的互感相同，由一次激励引起的感应电动势相同，差分输出电压为零。当铁芯受被测对象牵动向上移动时，则上面的次级绕组的互感大，下面的次级绕组的互感小，上面的次级绕组内感应电动势大于上面的次级绕组内感应电动势，差分输出有电压。反之，当铁芯向下移动时，差分输出电压反相。在传感器的量程内，铁芯移动量越大，差分输出电压也越大。因此，由差分输出电压的大小和方向便可判断出被测对象的移动方向和移动量的大小。

3）放大电路

为了提高位移检测的精确度，需要对输出的差分整流信号进行放大。放大电路由 U_1 运放 741 和 R_1、R_2、R_3、R_4、R_5、R_6、D_3、D_4、W_1、W_2 组成常用的差分运算放大器。D_3 和 D_4 为保护限幅二极管，W_1 为差分运算放大器调零用，W_2 可调整差分运算放大器的增益。

4）滤波电路

滤波电路用于滤除放大电路输出的干扰信号，提高精确定。由 U_2 运放 741 和 R_7、R_8、R_9、R_{10}、R_{11}、R_{12}、C_1、C_2、C_3、C_4、W_3 组成有源低通滤波器，将调制的高频载波滤掉，从而检出铁芯位移产生的有用信号。

由滤波器输出的 OUT 信号为正、负变化的直流电压信号，此信号可提供给 A/D 转换

项目四　电感式传感器在电动测微仪中的应用

器进行模数转换供单片机进行处理,或供电压比较器进行电压比较构成限位开关或限位报警。

🔧 2. 制作步骤、方法和工艺要求

(1)对照元器件清单清点元器件数量,检测差动变压器的质量好坏。

(2)按照图 5-17 制作电路。集成电路 U_1、U_2、U_3 使用集成电路插座安装,安装时先将集成电路插座焊好,等所有元器件焊接完成后再安装集成块。元器件摆放要整齐,连接导线要横平竖直,焊点要大小均匀、有光泽。

(3)所有焊接完成,检查无误后进行通电调试。

🔧 任务实施

按图 5-17 将电路焊接在试验板上并认真检查电路,确保正确无误。

任务三　电感式传感器的电动测微仪检测电路调试

✏️ 知识准备

调试方法和步骤:

电路组装完成,检查无误后,接通电源,改变铁芯的位置,按照下述步骤进行电路调试,并将结果填在表 5-10 内。

(1)铁芯在中间位置时,根据表 5-10 测试并记录相应数据。

(2)铁芯从中间位置开始上移一定距离,根据表 5-10 测试并记录相应数据。

(3)铁芯从中间位置开始下移一定距离,根据表 5-10 测试并记录相应数据。

(4)试验完毕,关闭电源,按规范要求整理试验设备和工作现场。

🔧 任务实施

按照上述步骤进行电路调试,并将结果填在表 5-10 内。

表 5-10　试验测试记录

项　　目	差分输出电压/V	LM741 的 6 脚电压/V	输出端 OUT 电压/V
铁芯在中间位置			
铁芯上移			
铁芯下移			

 任务评价

任务评价见表5-11。

表 5-11 任务评价

评价项目	评价内容	自评	互评	师评
学习态度(10分)	能否认真观察试验现象及完成任务			
安全意识(10分)	是否注意保护所用仪表、仪器			
完成任务情况(70分)	是否能够识别和检测差动变压器(10分)			
	是否能够安装差动变压器和测微头(20分)			
	是否能够正确安装电路板(20分)			
	是否能够掌握调节位移、测量输出电压的方法(20分)			
协作能力(10分)	与同组成员交流讨论解决不太清楚的问题			
总评	好(85~100分),较好(70~84分),一般(少于70分)			

项目五

超声波车载雷达在测距电路中的应用

任务引入

随着汽车的日益普及，停车场变得越来越拥挤，低速行驶的车辆与其他车辆非常接近，在停车场穿行、掉头或倒车时碰撞和拖挂的事故时有发生，尤其在夜间更为突出。超声波车载雷达能测量并显示汽车后部障碍物离汽车的距离，利用超声波检测迅速、方便，计算简便，易于实时控制。

本项目利用超声波传感器制作和调试超声波车载雷达测距电路，激发学生科技报国的理想情怀，树立学生履行时代赋予使命的责任担当。通过本项目的学习，应能正确使用超声波传感器测位移。

学习目标

1. 了解超声波的特点。
2. 理解超声波传感器的工作原理。
3. 能够运用超声波传感器进行测距。

学习准备

工具：电烙铁、镊子、偏口钳、螺丝刀等常用电子装接工具。
仪器、仪表：稳压电源、万用表、示波器。
元器件、材料：如表5-12所示的元器件、材料。

表5-12 元器件、材料清单

序号	名称	型号	单位	数量
1	超声波传感器	TCT40-16T/R	个	1
2	超声波脉冲变压器	B	个	1
3	单片机	AT89S52	个	1

续表

序号	名称	型号	单位	数量
4	晶振	Y_1	个	1
5	电解电容	C_1，C_3 220 μF	个	2
6	电解电容	C_9 10 μF	个	1
7	瓷片电容	C_5，C_6 22 pF	个	2
8	瓷片电容	C_2，C_4，C_7，C_8 104	个	4
9	二极管	D_1，D_2，D_3，D_4，D_7 1N4001	个	5
10	二极管	D_5，D_6 1N4148	个	2
11	三极管	BG_1，BG_5，BG_6，BG_7，BG_9 9012	个	5
12	三极管	BG_2，BG_3，BG_4，BG_8 9013	个	4
13	电阻	R_1，R_2，R_4，R_6，R_7，R_{10}，R_{11}，R_{12} 4.7 kΩ	个	8
14	电阻	R_3，R_5 150 kΩ	个	2
15	电阻	R_8 10 kΩ	个	1
16	三位一体数码管	LED	个	1
17	集成电路	IC_3 7805	个	1
18	蜂鸣器	BY	个	1
19	继电器	JDQ	个	1
20	下载线	JP_2	个	1
21	按键	K_1，K_2	个	2
22	焊锡丝		m	1
23	电路板或面包板	150 mm×150 mm	块	
24	导线		m	2
25	松香		盒	1

任务一 超声波传感器的识别、检测和选用

知识准备

1. 认识超声波传感器

声波是一种机械波。当它的振动频率在 20 Hz~20 kHz 的范围内时，可为人耳所听到，称为可闻声波，低于 20 Hz 的机械振动人耳不可闻，称为次声波，但许多动物却能感受到，例如地震发生前的次声波就会引起许多动物的异常反应。频率高于 20 kHz 的机械振动称为超声波。超声波有许多不同于可闻声波的特点，例如，它的指向性很好，能量集

中，因此穿透本领大，能穿透几米厚的钢板，而能量损失不大。在遇到两种介质的分界面（如钢板与空气的交界面）时，能产生明显的反射和折射现象，这一现象类似于光波，超声波的频率越高，其声场的指向性就越好，与光波的反射、折射特性就越接近。

超声波为直线传播方式，它具有频率高、波长短、绕射现象小，特别是方向性好，能够成为射线而定向传播等特点。超声波对液体、固体的穿透本领很大，尤其是在阳光不透明的固体中，它可穿透几十米的深度。超声波碰到杂质会产生显著反射形成回波，碰到活动物体能产生多普勒效应。因此，超声波测量在国防、航空航天、电力、石化、机械、材料等众多领域具有广泛的作用，它不但可以保证产品质量、保障安全，还可起到节约能源、降低成本的作用。为此，利用超声波的这种性质可制成超声波传感器。以超声波作为检测手段，必须能够产生超声波和接收超声波，完成这种功能的装置就是超声波传感器，习惯上称为超声波换能器，或者称为超声波探头。常见的超声波传感器如图5-18所示。

图 5-18 超声波传感器

2. 超声波测距的原理

超声波发射器向某一方向发射超声波，在发射的同时开始计时，超声波在空气中传播，途中碰到障碍物就立即返回，超声波接收器收到发射波就立即停止计时。假设超声波在空气中的传播速度为 v，计时器记录的时间为 t，发射点距障碍物的距离为 H，如图5-19所示。

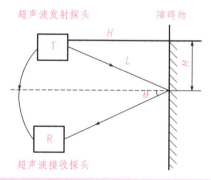

图 5-19 超声波测距原理

图5-19中被测距离为 H，两探头中心距离的一半用 M 表示，超声波单程所走过的距离用 L 表示，由图5-19可得

$$H = L\cos\theta \tag{5-3}$$

$$\theta = \arctan\left(\frac{M}{H}\right) \tag{5-4}$$

将式(5-4)代入式(5-3)得

$$H = L\cos\left[\arctan\left(\frac{M}{H}\right)\right] \tag{5-5}$$

在整个传播过程中,超声波所走过的距离为

$$2L = vt \tag{5-6}$$

式中：v——超声波的传播速度；

t——传播时间,即超声波从发射到接收的时间。

将式(5-6)代入式(5-5)可得

$$H = 0.5vt\cos\left[\arctan\left(\frac{M}{H}\right)\right] \tag{5-7}$$

当被测距离 H 远远大于 M 时,式(5-7)变为

$$H = 0.5vt \tag{5-8}$$

这就是所谓的时间差测距法。首先测出超声波从发射到遇到障碍物返回所经历的时间,再乘超声波的速度就得到两倍的声源与障碍物之间的距离。

由于是利用超声波测距,要测量预期的距离,产生的超声波要有一定的功率和合理的频率才能达到预定的传播距离,同时这是得到足够的回波功率的必要条件,只有得到足够的回波频率,接收电路才能检测到回波信号和防止外界干扰信号的干扰。经分析和大量试验表明,频率为 40 kHz 左右的超声波在空气中传播效果最佳,同时为了处理方便,发射的超声波被调制成具有一定间隔的调制脉冲波信号。

倒车雷达只需要在汽车倒车时工作,为驾驶员提供汽车后方的信息。由于倒车时汽车的行驶速度较慢,与声速相比可以认为汽车是静止的,因此在系统中可以忽略多普勒效应的影响。在许多测距方法中,脉冲测距法只需要测量超声波在测量点与目标间的往返时间。如图 5-20 所示,设计要求当驾驶员将手柄转到倒车挡后,系统自动起动,超声波发送模块向后发射 40 kHz 的超声波信号,经障碍物反射,由超声波接收模块收集,进行放大和比较,单片机 AT89S51 将此信号送入显示模块,当与障碍物距离小于 1 m、0.5 m、0.25 m 时,发出不同的报警声,提醒驾驶员停车,同时触发语音电路发出同步语音提示。

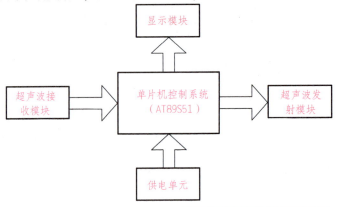

图 5-20 倒车雷达电路框图

3. 超声波传感器的应用

1) 超声波传感器在测距系统中的应用

超声波测距大致有以下方法：

①取输出脉冲的平均值电压，该电压（其幅值基本固定）与距离成正比，测量电压即可测得距离。

②测量输出脉冲的宽度，即发射超声波与接收超声波的时间间隔 t，故被测距离 $s=1/2vt$。

如果测距精度要求较高，则应通过温度补偿的方法加以校正。超声波测距适用于高精度的中长距离测量。

把超声波传感器安装在合适的位置，对准被测物变化方向发射超声波，就可测量物体表面与传感器的距离。超声波传感器一般包括发送器和接收器，但一个超声波传感器也可具有发送和接收声波的双重作用。超声波传感器是利用压电效应的原理将电能和超声波相互转化，即在发射超声波的时候，将电能转换，发射超声波；而在收到回波的时候，则将超声振动转换成电信号。安装于汽车中的超声波距离传感器如图5-21所示。

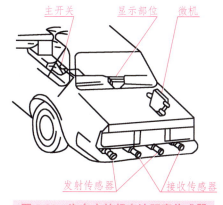

图 5-21 汽车中的超声波距离传感器

2) 超声波传感器在医学上的应用

超声波在医学上的应用主要是诊断疾病，它已经成为临床医学中不可缺少的诊断方法。超声波诊断的优点是：受检者无痛苦、对受检者无损害、方法简便、显像清晰、诊断的准确率高等。医学超声成像（超声检查、超声诊断学）是一种基于超声波的医学影像学诊断技术，使肌肉和内脏器官（包括其大小、结构和病理学病灶）可视化。产科超声检查在妊娠时的产前诊断中广泛使用，如图5-22所示。

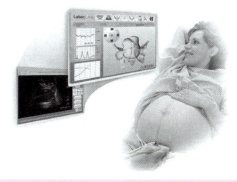

图 5-22 产科超声检查

3) 超声波传感器在测量液位时的应用

超声波测量液位的基本原理是：由超声探头发出的超声脉冲信号在气体中传播，遇到空气与液体的分界面后被反射，接收到回波信号后计算其超声波往返的传播时间，即可换算出距离或液位高度。

超声波测量方法有很多其他方法所不具备的优点：

①无任何机械传动部件，也不接触被测液体，属于非接触式测量，不怕电磁干扰，不怕酸、碱等强腐蚀性液体等，因此性能稳定、可靠性高、寿命长。

②其响应时间短，可以方便地实现无滞后的实时测量。

超声波液位仪如图 5-23 所示。

图 5-23　超声波液位仪

识别并检测超声波传感器的性能好坏。

任务二　超声波车载雷达测距电路制作

超声波车载雷达测距电路可用万能电路板制作，也可用面包板或模块制作。

简易单片机超声波测距仪

1. 超声波测距单片机系统

超声波测距单片机系统主要由 AT89S51 单片机、晶振、复位电路、电源滤波部分构成。由 K_1、K_2 组成测距系统的按键电路，用于设定超声波测距报警值。倒车雷达测距单片机系统如图 5-24 所示。

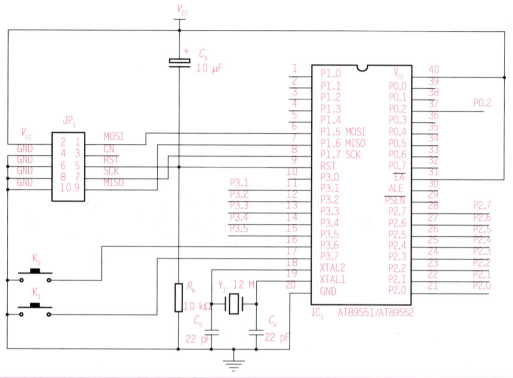

图 5-24 倒车雷达测距单片机系统

2. 超声波测距发射、接收电路

超声波测距发射电路如图 5-25 所示，接收电路如图 5-26 所示。超声波测距发射电路由电阻 R_1、三极管 BG_1、超声波脉冲变压器 B 及超声波发送头 T40 构成。超声波脉冲变压器的作用是提高加载到超声波发送头两端的电压，以提高超声波的发射功率，从而提高测量距离。接收电路由 BG_1、BG_2 组成的两组三极管放大电路构成；超声波的检波电路、比较整形电路由 C_7、D_1、D_2 及 BG_3 组成。

40 kHz 的方波由 AT89S51 单片机的 P2.7 输出，经 BG_1 推动超声波脉冲变压器，在脉冲变压器次级形成 $60V_{PP}$ 的电压，加载到超声波发送头上，驱动超声波发射头发射超声波。发送出的超声波遇到障碍物后产生回波，反射回来的回波由超声波接收头接收。由于声波在空气中传播时的衰减，所以接收到的波形幅值较低，经接收电路放大、整形，最后输出一负跳

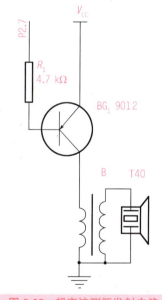

图 5-25 超声波测距发射电路

变,输入单片机的P3脚。

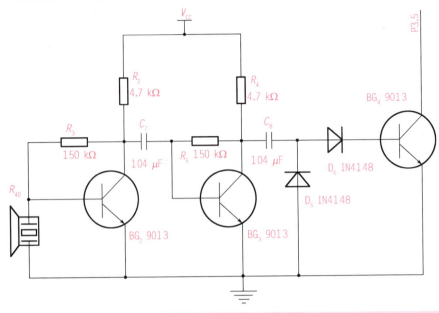

图 5-26 超声波测距接收电路

该测距电路的 40 kHz 方波信号由单片机 AT89S51 的 P2.7 发出。方波的周期为1/40 ms, 即 25 μs,半周期为 12.5 μs。每隔半周期时间,让方波输出脚的电平取反,便可产生 40 kHz 方波。由于单片机系统的晶振为 12 M 晶振,因而单片机的时间分辨率是1 μs,所以只能产生半周期为 12 μs 或 13 μs 的方波信号,频率分别为 41.67 kHz 和 38.46 kHz。本任务选用后者,让单片机产生约 38.46 kHz 的方波。

由于反射回来的超声波信号非常微弱,所以接收电路需要将其进行放大,将接收到的信号加到 BG_1、BG_2 组成的两级放大器上进行放大。每级放大器的放大倍数为 70 倍。放大的信号通过检波电路得到解调后的信号,即把多个脉冲波解调成多个大脉冲波。这里使用的是1N4148 检波二极管,输出的直流信号即两二极管之间的电容电压。该接收电路结构简单,性能较好,制作难度小。

3. 显示电路

本系统采用三位一体 LED 数码管显示所测距离值,如图 5-27 所示。数码管采用动态扫描显示,段码输出端口为单片机的 P2 口,位码输出端口分别为单片机的 P3.4、P3.2、P3.3 口,数码管为驱运用 PNP 三极管、S9012 三极管。

4. 供电电路

本测距电路由于采用 LED 数码管的显示方式,正常工作时,系统工作电流为 30~45 mA,为保证系统统计的可靠、正常工作,系统的供电方式主要为 AC 6~9 V,同时为调试系统方便,供电方式考虑了第二种方式,即由 USB 口供电,调试时直接由电脑 USB 口供电。6 V 交流是经过整流二极管 D_1~D_4 整流成脉动直流后,经滤波电容 C_1 滤波后形成直流电，为保证单片机系统的供电，供电路中由 5 V 的三端称压集成电路进行稳压后输出 5 V 的直流电供整个系统用电，为进一步提高电源质量，5 V 的直流电再次经过 C_3、C_4 滤波，如图 5-28 所示。

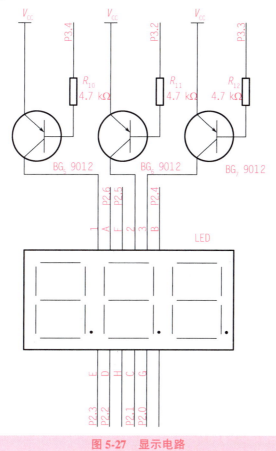

图 5-27 显示电路

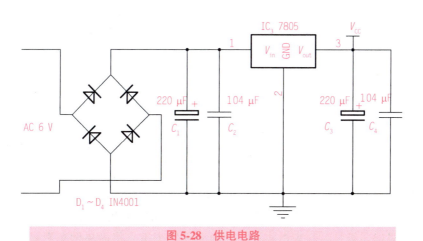

图 5-28 供电电路

5. 报警输出电路

报警信号由单片机 P0.2 口输出，提供声响报警信号，电路由电阻 R_7、三极管 BG_8、蜂鸣器 BY 组成，当测量值低于事先设定的报警值时，蜂鸣器发出"滴、滴、滴……"报警声响信号；当测量值高于设定的报警值时，停止发出报警声响。报警输出电路如图 5-29 所示。

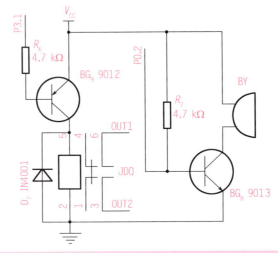

图 5-29 报警输出电路

任务实施

焊接各个模块，焊接完成后再进行模块的单独测试，以确保在整个系统的正常工作。

任务三　超声波车载雷达测距电路调试

知识准备

（1）电路组装完成检查无误后，将写好程序的 AT89S52 单片机装到测距板上，通电后将测距板的超声波头对着墙面往复移动，看数码管的显示结果会不会变化，在测量范围内能否正常显示。如果一直显示"---"，则需将下限值增大。本测距板 1 s 测量 4~5 次，超声波发送功率较大时，测量距离远，则相应的下限值（盲区）应设置为高值。试验板中的声速没有进行温度补偿，声速值为 340 m/s，该值为 15 ℃时的超声波值。

（2）调试时以白纸粘贴起来做成 55 cm 的简易倒车带，将简易倒车带最前方放于障碍物前（墙角），将倒车雷达由距墙角 55 cm 处逐渐减小，并将结果填在表 5-13 内。

（3）测试结束后，关闭电源，整理好试验设备。

🔧 任务实施

接通电源,改变磁芯的位置,按照上述步骤进行电路调试,并将结果填在表 5-13 中。

表 5-13　试验测试记录

位移/cm									
数码管显示值									
是否报警									

🔍 任务评价

任务评价见表 5-14。

表 5-14　任务评价

评价项目	评价内容	自评	互评	师评
学习态度(10 分)	能否认真观察试验现象及完成任务			
安全意识(10 分)	是否注意保护所用仪表、仪器			
完成任务情况(70 分)	是否能够识别和检测超声波传感器(10 分)			
	是否能够安装各单元电路(40 分)			
	是否能够正确调试电路,掌握调节位移、测量输出显示的方法(20 分)			
协作能力(10 分)	与同组成员交流讨论解决不太清楚的问题			
总评	好(85~100 分),较好(70~84 分),一般(少于 70 分)			

课后习题

一、填空题

1. 电位器式位移传感器是通过电位器元件将_____转换成与之成线性或任意函数关系的_____输出。

2. 按照传感器的结构，电位器式位移传感器可分成_____和_____两大类。

3. 差动变压器的工作原理类似变压器的工作原理，这种类型的传感器主要包括_____、_____和_____等。

4. _____的存在使得差动变压器的输出特性在零点附近布灵敏，给测量带来误差，此值的大小是衡量差动变压器性能好坏的重要指标。

5. 接近传感器又称为_____，是一种感知物体_____能力的器件，它利用_____传感器对所接近的物体具有的敏感特性来识别物体的接近，并输出相应的_____。

6. 根据不同的原理可制成不同类型的接近开关，如_____、_____和_____等。

7. 声波可以分为_____、_____和_____。其中_____是对人体有害的。

8. 超声波探头按其工作原理可分为压电式、_____、电磁式等，其中_____以_____最为常用。

9. 微波测厚仪是利用微波在传播过程中遇到被测物体金属表面被_____，且反射波的波长与速度都_____的特性进行测厚的。

10. 光栅可以分为_____光栅和_____光栅。

二、选择题

1. 差动变压器是(　　)传感器。

   A. 自感器　　　B. 互感式　　　C. 电涡流式

2. 差动变压器传感器的结构形式很多，其中应用最多的是(　　)。

   A. 变间隙式　　B. 变面积式　　C. 螺管式

3. 下列不是电感式传感器的是(　　)

   A. 变磁阻式自感传感器　　　　B. 电涡流式传感器
   C. 差动变压器式互感传感器　　D. 霍尔元件式传感器

4. 常用于制作超声波探头的材料是(　　)

   A. 应变片　　　B. 热电偶　　　C. 压电晶体　　　D. 霍尔元件

5. 微波传感器是一种新型的(　　)传感器．

A. 接触型　　　　B. 非接触型　　　C. 接触型或非接触型

6. 下列哪一项不是莫尔条纹的特点（　　）
A. 莫尔条纹的位移与光栅的移动成比例　B. 莫尔条纹具有位移放大作用
C. 莫尔条纹具有电压放大作用　　　　D. 莫尔条纹具有平均光栅误差的作用

7. 莫尔条纹的间距是放大了的光栅栅距，光栅栅距很小，肉眼看不清楚，而莫尔条纹却清晰可见，这是莫尔条纹的（　　）特性。
A. 平均效应　　　B. 放大作用　　　C. 对应关系

8. 螺管式差动变压器传感器的两个匝数相等的二次绕组，工作时是（　　）。
A. 同名端接在一起串联　　　　B. 异名端接在一起串联
C. 同名端并联　　　　　　　　D. 异名端并联

9. 差动变压器式传感器的配用测量电路主要有（　　）。
A. 差动相敏检波电路　　　　　B. 差动整流电路
C. 直流电桥　　　　　　　　　D. 差动电桥

10. 变间隙式电感传感器的（　　）相矛盾，因此变隙式电感式传感器适用于测量微小位移的场合。
A. 测量范围与刚度
B. 灵敏度与线性度，要得到好的线性度则灵敏度越低
C. 测量范围与灵敏度及线性度
D. 刚度与灵敏度

三、判断题

1. 零点残留电压的大小是衡量差动变压器性能好坏的重要指标。（　　）
2. 变隙式电感式传感器适用于测量位移变化较大的场合。（　　）
3. 差动变压器的输出是交流电压，若用交流电压表测量，既能反映衔铁位移的大小，又能反映移动的方向。（　　）
4. 根据微波传感器的原理，微波传感器可以分为反射式和遮断式两类。（　　）
5. 旋转型电位器式位移传感器可构成角度传感器。（　　）
6. 光栅传感器是数控机床上应用较多的一种检测装置，仅用于检测高精度的直线位移。（　　）
7. 超声波的传播速度与介质密度和弹性特性有关。（　　）
8. 光栅传感器是根据光电效应原理制成的。（　　）
9. 接近传感器，是对接近它的物件有"感知"能力的元件。（　　）
10. 差动变压器式传感器与变压器的不同之处是：前者为闭合磁路，后者为开磁路。（　　）

四、问答与计算

1. 什么是超声波？什么是超声波传感器？超声波传感器各个领域中的应用有哪些？
2. 写出差动变压器传感器的结构与工作原理。

3. 绕线电位器式传感器线圈电阻为10KΩ，电刷最大行程4mm，若允许最大消耗功率为40mW，传感器所用激励电压为允许的最大激励电压。试求当输入位移量为1.2mm时，输出电压是多少？

4. 已知超声波传感器垂直安装在被测介质底部，超声波在被测介质中的传播速度1460m/s，测的时间间隔为40 μs，求物位的高度？

5. 什么是光栅的莫尔条纹？莫尔条纹是怎样产生的？它具有什么特点？

模块六

流量传感器的应用

模块学习目标

1. 掌握流量传感器的种类、特性、主要参数和选用方法。
2. 能够熟练对流量传感器进行检测。
3. 学会正确安装流量传感器。
4. 能够分析流量传感器的信号检测和转换电路的工作原理。

大国重器·智造先锋

模块六 流量传感器的应用

项目一 涡轮流量计在天然气计量电路中的应用

任务引入

能够熟练识别和检测涡轮流量计，并学会正确安装涡轮流量计。

学习目标

1. 能够根据涡轮流量计的特性正确选用流量传感器。
2. 能够识别和检测涡轮流量计。
3. 学会涡轮流量计的安装方法。
4. 能够分析涡轮流量计测量电路的信号检测和转换电路的工作原理。
5. 通过涡轮流量计在天然气电路中安装的要求，增强学生的安全意识和责任意识。

学习准备

仪器、仪表：涡轮流量计及配套设施、万用表等常用工具。

任务一 涡轮流量计的识别、检测和选用

知识准备

涡轮流量计类似于叶轮式水表，是一种速度式流量传感器。它是以动量矩守恒原理为基础，利用置于流体中的涡轮的旋转速度与流体速度成比例的关系来反映通过管道的体积流量的。涡轮流量计在石油、化工、冶金、城市燃气管网等行业中具有广泛的使用价值。

项目一　涡轮流量计在天然气计量电路中的应用

涡轮流量计按被测介质分类，分为液体涡轮流量计和气体涡轮流量计，如图6-1、图6-2所示。

图6-1　液体涡轮流量计

图6-2　气体涡轮流量计

智能涡轮流量计的组成

1. 涡轮流量计的结构

涡轮流量计主要由壳体、导向体、涡轮、轴、轴承和信号检测器等部分组成，如图6-3所示。

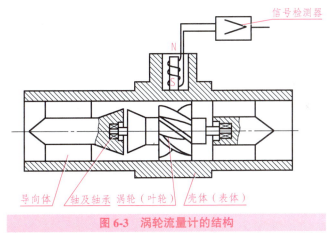

图6-3　涡轮流量计的结构

（1）壳体（表体）：壳体是传感器的主体部件，它起到承受被测流体的压力、固定安装检测部件、连接管道的作用，采用不导磁不锈钢或硬铝合金制造。壳体内装有导向体、叶轮、轴、轴承，壳体外壁安装有信号检测器。对于一体化温度、压力补偿型的流量计，壳体上还安装有温度、压力传感器。

（2）导向体：通常选用不导磁不锈钢或硬铝材料制作。导向体安装在传感器进出口处，对流体起导向、整流以及支撑叶轮的作用，但应注意采用导向体有一定的压力损失。

（3）涡轮（叶轮）：检测气体时一般采用工程塑料或铝合金材质，检测液体时一般采用高导磁性材料，是传感器的检测部件，其作用是把流体动能转换成机械能。叶轮有直板叶片、螺旋叶片和丁字形叶片等几种。叶轮的动平衡直接影响仪表的性能和使用寿命。

（4）轴及轴承：它支承叶轮旋转，需有足够的刚度、强度、硬度、耐磨性、耐腐蚀性等。它决定着传感器的可靠性和使用期限。

（5）信号检测器：一般采用变磁阻式，它由永久磁钢、导磁棒（铁芯）和线圈等组成，其作用是把涡轮的机械转动信号转换成电脉冲信号输出。

2. 涡轮流量计的特点

（1）精确度高，液体一般为 $\pm(0.25 \sim 0.50)\%R$（R 为读数，或表显示量），高精度型可达 $\pm 0.15\%R$，气体一般为 $\pm(1.0 \sim 1.5)\%R$，特殊专用型为 $\pm(0.5 \sim 1.0)\%R$。在所有流量计中，涡轮流量计属于最精确的。

（2）重复性好，短期重复性可达 $0.05\% \sim 0.20\%$。

（3）输出为脉冲频率信号，适用于总量计量及与计算机连接。

（4）无零点漂移，抗干扰能力强，频率高达 4 kHz，信号分辨力强。

（5）量程比宽，中大口径可达 40∶1～10∶1，小口径为 6∶1 或 5∶1。

（6）结构紧凑、轻巧，安装维护方便，流通能力大。

（7）适用于高压测量，仪表壳体不必开孔，易制成高压型仪表。

（8）结构类型多，可适应各种测量对象的需要。

3. 涡轮流量计的技术参数

涡轮流量计的技术参数见表6-1。

表6-1 涡轮流量计的技术参数

项　　目	技术参数
公称口径	管道式：DN4～DN300；插入式：DN100～DN2000
精度等级	管道式：±0.5级、±1.0级；插入式：±1.5级、±2.5级，高精度的可达0.2级
环境温度	$-20\ ℃ \sim 50\ ℃$
介质温度	测量液体：$-20\ ℃ \sim 120\ ℃$；测量气体：$-20\ ℃ \sim 80\ ℃$
大气压力	$86 \sim 106$ kPa
公称压力	1.6 MPa、2.5 MPa、6.4 MPa、25 MPa
防爆等级	ExdllBT4
连接方式	螺纹连接、法兰夹装、法兰连接、插入式等
显示方式	脉冲输出、电流输出、瞬时流量、累计流量

4. 气体涡轮流量计的选用方法

气体涡轮流量计的选用要从以下几个方面考虑。

（1）精度等级。一般来说，选用涡轮流量计主要是因其具有较高的精度，但是流量计的精度越高，对现场使用条件的变化就越敏感，因此对仪表精度的选择要慎重，应从经济角度考虑。对于大口径输气管线的贸易结算仪表，在仪表上多投入是合理的；而对于输送量不大的场合，选用中等精度水平的流量计即可。

（2）流量范围。涡轮流量计流量范围的选择对其计精度及使用年限有较大的影响，并且每种口径的流量计都有一定的测量范围，流量计口径的选择也是由流量范围决定的。选择流量范围的原则是：使用时的最小流量不得低于仪表允许测量的最小流量，使用时的最大流量不得高于仪表允许测量的最大流量。

（3）气体的密度。对气体涡轮流量计，流体特性的影响主要是气体密度，它对仪表系数的影响较大，且主要表现在低流量区域。若气体密度变化频繁，要对流量计的流量系数采取修正措施。

（4）压力损失。尽量选用压力损失小的气体涡轮流量计。因为流体通过涡轮流量计的压力损失越小，则流体由输入到输出管道所消耗的能量就越少，即所需的总动力将减少，由此可大大节约能源，降低输送成本，提高利用率。

5. 涡轮流量计的检测

检测设备：万用表。

检测步骤：

（1）检查仪表接线。涡轮流量计安装完毕之后，应先查看一下安装盒接线是否有问题，如果发现问题，应及时进行处理，这样才能保证日后的正常使用。

（2）仪表投入运行前，涡轮流量计必须充满实际测量介质，通电后在静止状态下做零点调整。投入运行后亦要根据介质及使用条件定期停流检查零点，尤其对易沉淀、易污染电极及含有固体的非清洁介质，在运行初期应多检查，以获得经验并确定正常检查周期。对有条件的用户，应该在涡轮流量计仪表投入运行前测量和记录涡轮流量计的几个基本参数。这些数据对运行一段时期后涡轮流量计出现故障的原因分析是很有帮助的。

（3）利用万用表检测两电极间的接触电阻，如果两电极的接触电阻变化，表明涡轮流量计电极很可能被污染了。接触电阻变大，可能污染物是绝缘性沉积物；接触电阻变小，可能污染物是导电性的沉积物；两电极接触电阻不对称，表明两电极受污染的程度不一致；电极和励磁线圈的绝缘电阻下降，表明涡轮流量计受潮，当绝缘电阻下降到一定程度，将会影响仪表的正常工作。

任务实施

按上述步骤识别、检测和选用涡轮流量计。

任务二　涡轮流量计在天然气计量电路中的应用

气体涡轮流量计是一种封闭管道中测量气体介质流量的速度式仪表。由于其具有计量精度高、量程宽、灵敏度高、体积小、易于安装维护、故障低等综合特点，故适用于燃气及其他工业领域中的气体流量的精确测量。目前已广泛应用于油(气)田、化工部门、城市燃气、天然气工程以及各种无腐蚀性气体的计量，并将成为城市燃气公用计量的理想仪表。

知识准备

气体涡轮流量计的原理是：将涡轮置于天然气中，当天然气流经流量计时，涡轮叶片在天然气动能的作用下开始旋转，在涡轮旋转的同时，叶片周期性地切割电磁铁产生的磁力线改变线圈的磁通量。根据电磁感应原理，在线圈内将感应出脉动的电势信号，经前置放大器放大、整形，产生与流速成正比的脉冲信号，脉冲信号经流量积算电路换算后显示累计流量值，同时经频率电流转换成模拟电流量，进而显示瞬时流量值。

流量计算式为

$$Q = \frac{F}{K} \tag{6-1}$$

式中：Q——流经传感器的流量(L/s 或 m³/s)；

F——脉冲频率(Hz)；

K——涡轮流量计的仪表系数(1/L 或 1/m³)。

K 是涡轮流量计的重要特性参数，它代表单位体积流量通过涡轮流量计时传感器输出的信号脉冲数。不同的仪表有不同的 K 值，并随仪表长期使用的磨损情况而变化。尽管涡轮流量计的设计尺寸相同，但实际加工出来的涡轮几何参数却不会完全一样，因而每台涡轮流量计的仪表常数 K 也不完全一样。图6-4所示为涡轮流量计的原理。

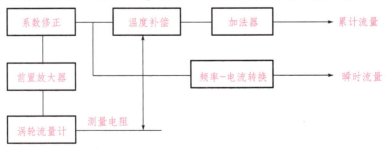

图6-4　涡轮流量计的原理

项目一 涡轮流量计在天然气计量电路中的应用

图 6-5 所示为涡轮流量计的前置放大电路，它把线圈两端感应出的电脉冲信号放大、整形。

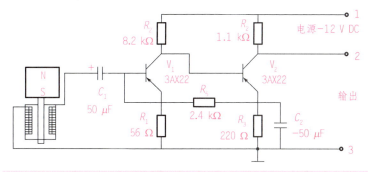

图 6-5 涡轮流量计的前置放大电路

前置放大器由磁电感应转换器与放大整形电路两部分组成，一般线圈感应到的信号较小，需配上前置放大器放大、整形输出幅值较大的电脉冲信号。

图 6-5 中电解电容 C_1 把线圈感应到的高频噪声信号进行过滤，三极管 V_1、V_2 组成两级放大电路，电阻 R_5 和电容 C_2 引出负反馈，以提高仪表的稳定性，具有温度稳定性好、放大系数高、负载能力强等特点。

由于气体的可压缩性，因此压力、温度的变化将导致气体密度的变化，这会造成同一质量流量下气体涡轮流量计所显示的体积流量大小不同。因此，在燃气的计量过程中，压力、温度变化时，必须对其进行相应的补偿，以避免计量损失。

信号接收与显示器由系数校正器、加法器和频电转换器等组成，其作用是将从前置放大器送来的脉冲信号变换成累计流量和瞬时流量并显示。

🔧 任务实施

1. 气体涡轮流量计如何选择安装点

气体涡轮流量计的设计已考虑到了在恶劣环境条件下的情况，但是为长期保持其精度和稳定性，在选择安装地点时必须注意下列事项。

(1) 环境温度：避免安装在环境温度变化很大的场所。当受到设备的热辐射时，需有隔热、通风的措施。

(2) 环境空气：避免把流量计安装在含有腐蚀性气体的环境中。如果一定要安装在这样的环境中，则必须提供通风措施。

(3) 机械振动和冲击：气体涡轮流量计的结构很坚固，但在选择安装场所时应尽量避免机械振动或碰撞冲击。如果仪表安装在振动较大的管道上，则管道需加支撑。

(4) 其他：气体涡轮流量计的周围应有充裕的空间，以便安装和定期检修。

2. 涡轮流量计在天然气计量电路中的安装方法

安装前：

(1)管道应吹扫干净,以防残渣、铁屑影响流量计的正常运转。

(2)用微小气流吹动涡轮时,涡轮转动灵活,并没有无规则的噪声,计数器转动正常,无间断卡滞现象,则流量计可安装使用。

涡轮流量计的安装示意图如图6-6所示(DN为管段内径)。

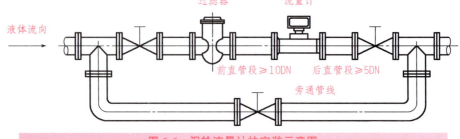

图6-6 涡轮流量计的安装示意图

(1)加装油过滤器:由于燃气中含有灰层、煤焦油等杂质,因此装入油过滤器可以使这些杂质溶于油中,使气体过滤后再进入涡轮流量计,这样不但使涡轮流量计正常运行,而且可以保证精度。

(2)水平安装:涡轮流量计在安装的时候应该要保持水平,尽量不要垂直安装,如果天然气管道中含有水,则涡轮流量计要倾斜摆放,以保证天然气能够从流量计中出来。天然气的传输方向要与涡轮流量计上标注的方向一致,不得反方向安装。

(3)加接直管:涡轮流量计的入口和出口端各加接一段直管,入口端长度要不小于10倍管段内径,出口端长度不小于5倍管段内径,或者可以在阻流设备与涡轮流量计之间安装整流器。

(4)旁通管路:为了不影响流体正常输送,建议安装旁通管路,但在正常使用时必须关闭旁通管道阀门。

(5)地线处理:采用外电源时,流量计必须可靠接地,但不得与强电系统共用地线;在管道安装或检修时,不得把电焊系统的地线与流量计搭接。

3. 安装过程中注意事项

(1)涡轮流量计要求在使用过程中保证被测介质的清洁。如果燃气在使用过程中净化不好,存在煤焦油等腐蚀性物质,就会对涡轮流量计内部的构件造成侵害,将严重影响涡轮流量计的计量精度。

(2)气体涡轮流量计不宜用在流量频繁中断和有强烈脉动流或压力脉动的场合。

(3)气体涡轮流量计室外安装时,上部应有遮盖物,以防雨水浸入和烈日暴晒而影响流量计的使用寿命。

(4)气体涡轮流量计安装时,法兰和管道法兰中间要加密封垫圈。

(5)法兰盘连接处及管道内径处不应该有凸起。

(6)气体涡轮流量计安装时,严禁在其进出口法兰处直接进行电焊,以免烧坏流量计内部零件。

(7)在管道施工时,应考虑安装伸缩管或波纹管,以免对流量计造成严重的拉伸或断裂。

(8)管道安装完毕进行密封性试压时,应注意流量计压力传感器所能承受的最高压力(即检定证书上介质最大压力),以免损坏压力传感器。

任务评价见表6-2。

表6-2 任务评价

评价项目	评价内容	自评	互评	师评
学习态度(10分)	能否认真完成任务			
安全意识(10分)	是否注意保护所用仪表、仪器			
完成任务情况(70分)	是否了解涡轮流量计是如何测流量的(20分)			
	是否能够进行涡轮流量计的检测、识别与选用(20分)			
	是否掌握涡轮流量计在天然气计量电路中的安装方法(20分)			
	是否了解涡轮流量计在天然气计量电路中的安装注意事项(10分)			
协作能力(10分)	与同组成员交流讨论解决不太清楚的问题			
总评	好(85~100分),较好(70~84分),一般(少于70分)			

项目二

电磁流量计在自来水厂水量监控电路中的应用

任务引入

能够熟练识别和检测电磁流量计，并学会电磁流量计的安装方法。

学习目标

1. 能够根据电磁流量计的特性正确选用电磁流量计。
2. 能够识别和检测电磁流量计。
3. 能够分析电磁流量计测量电路的信号检测和转换电路的工作原理。
4. 电磁流量计高精度、连续性的监控水量，体现了持之以恒、艰苦奋斗的精神。

学习准备

仪器、仪表：电磁流量计及配套设备、500 MΩ 绝缘电阻测试仪、万用表等常用工具。

任务一　电磁流量计的识别、检测和选用

知识准备

电磁流量计是 20 世纪 50—60 年代随着电子技术的发展而迅速发展起来的新型流量测量仪表。电磁流量计是应用电磁感应原理，根据导电流体通过外加磁场时感应出的电动势来测量导电流体流量的一种仪器。

电磁流量计根据安装形式不同，可以分为一体式电磁流量计和分体式电磁流量计。一

体式往往适用于室内安装，多在环境条件较好的场合下使用；分体式则更多地应用于户外安装、水井下等使用环境恶劣，可能会被水淹没的场合。一体式电磁流量计和分体式电磁流量计分别如图6-7、图6-8所示。

图6-7 一体式电磁流量计

图6-8 分体式电磁流量计

1. 电磁流量计的结构

以分体式电磁流量计为例，其结构由流量传感器和转换器两大部分组成。测量管上下装有激磁线圈，通激磁电流后产生磁场穿过测量管，一对电极装在测量管内壁与液体相接触，引出感应电势，送到转换器。激磁电流则由转换器提供。图6-9所示为传感器的结构。

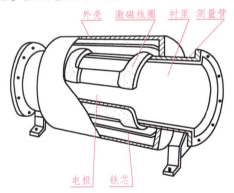
图6-9 传感器的结构

（1）外壳：应用铁磁材料制成，其作用是保护激磁线圈，隔离外磁场的干扰。

（2）激磁线圈：其作用是产生均匀的直流或交流磁场。

（3）测量管：其作用是让被测导电性液体通过，两端设有法兰，用作连接管道。测量管采用不导磁、低电导率、低热导率并具有一定机械强度的材料制成，一般可选用不锈钢、玻璃钢、铝及其他高强度的材料。

（4）衬里：在测量导管内壁的一层耐磨、耐腐蚀、耐高温的绝缘材料。它能增加测量导管的耐磨性和腐蚀性，防止感应电势被金属测量导管壁短路。

(5)电极:其作用是引出和被测量成正比的感应电势信号。电极一般用非导磁的不锈钢制成,且被要求与衬里齐平,以便流体通过时不受阻碍。

由液体流动产生的感应电势信号十分微弱,受各种干扰因素的影响很大,转换器的作用就是将感应电势信号放大并转换成统一的标准信号,同时抑制主要的干扰信号。

2. 电磁流量计的特点

(1)测量通道是一段光滑直管,不易阻塞,适用于测量含固体颗粒的液固二相流体,如纸浆、泥浆、污水等。
(2)不产生流量检测所造成的压力损失,节能效果好。
(3)所测得体积流量实际上不受流体密度、黏度、温度、压力和电导率变化的明显影响。
(4)流量范围大,口径范围宽。
(5)可应用于腐蚀性流体。
(6)能连续测量,测量精度高。
(7)稳定性好,输出为标准化信号,可方便地进入自控系统。

(1)不能测量电导率很低的液体,如石油制品。
(2)不能测量气体、蒸汽和含有较大气泡的液体。
(3)不能用于较高温度的场合。

3. 电磁流量计的技术参数

(1)传感器公称通径:管道式四氟衬里:DN10~DN600 mm;管道式橡胶衬里:DN40~DN1 200 mm。

(2)流量测量范围:上限值的流速可在0.3~15.0 m/s范围内选定,下限值的流速可为上限值的1%。

(3)重复性误差:测量值的±0.1%。

(4)电流输出:①电流输出信号:双向两路,全隔离0~10 mA/4~20 mA。②负载电阻:0~10 mA时,0~1.5 kΩ;4~20 mA时,0~750 Ω。③基本误差:在上述测量基本误差的基础上加±10 μA。

(5)频率输出:正向和反向流量输出,输出频率上限可在1~5 000 Hz内设定。带光电隔离的晶体管集电极开路双向输出。

(6)脉冲输出:正向和反向流量输出,输出脉冲上限可达5 000 cp/s。脉冲当量为0.000 1~1.000 0 m^3/cp。

(7)流向指示输出:本流量计可测正反方向的流体流动流量,并可以判断出流体流动的方向。规定显示正向流量时输出+10 V 高电平，反向流体流动输出零伏的低电平。

（8）报警输出：两路带光电隔离的晶体管集电极开路报警输出。报警状态：流体空管、励磁断线、流量超限。

（9）液晶显示：液晶显示如图 6-10 所示。

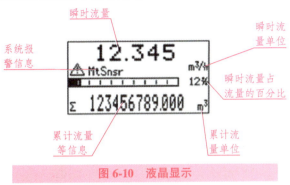

图 6-10　液晶显示

4. 电磁流量计的选型

1）根据了解到的被测介质的名称和性质，确定是否采用电磁流量计

电磁流量计只能测量导电液体流量，而气体、油类和绝大多数有机物液体不在一般导电液体之列。

2）根据了解到的被测介质性质，确定电极材料

一般提供不锈钢、哈氏、钛和钽 4 种电极，选用哪种电极应根据介质性质并查相关资料手册确定。

3）根据了解到的介质温度，确定采用橡胶还是四氟内衬

橡胶耐温不超过 80 ℃；四氟耐温 150 ℃，瞬间可耐 180 ℃。城市自来水一般可采用橡胶内衬和不锈钢电极。

4）根据了解到的介质压力，选择表体法兰规格

电磁法兰规格通常为：当口径由 DN10~DN250 mm 时，法兰额定压力≤1.6 MPa；当口径由 DN250~DN1 000 mm 时，法兰额定压力≤1.0 MPa；当介质实际压力高于上述管径-压力对应范围时，为特殊订货，但最高压力不得超过 6.4 MPa。

5）确定介质的电导率

（1）电磁流量计的电导率不得低于 5 μs/cm。

（2）自来水的电导率约为几十到上百个 μs/cm，一般锅炉软水（去离子水）导电，纯水（高度蒸馏水）不导电。

（3）气体、油和绝大多数有机物液体的电导率远低于 5 μs/cm，几乎不导电。

5. 电磁流量计的检测

检测设备：500 MΩ 绝缘电阻测试仪一台、万用表一只。

检测步骤：

(1)在管道充满介质的情况下,如图 6-11 所示,用万用表测量接线端子 A、B 与 C 之间的电阻值,A-C、B-C 之间的阻值应大致相等。若差异在 1 倍以上,可能是电极出现渗漏、测量管外壁或接线盒内有冷凝水吸附。

(2)在衬里干燥的情况下,用万用表测 A-C、B-C 之间的绝缘电阻(应大于200 MΩ);再用万用表测量端子 A、B 与测量管内两个电极的电阻(应呈短路连通状态)。若绝缘电阻很小,说明电极渗漏,应将整套流量计返厂维修。若绝缘电阻有所下降但仍在 50 MΩ 以上,且步骤(1)的检查结果正常,则可能是测量管外壁受潮,可用热风机对测量管外壁进行烘干。

(3)用万用表测量 X、Y 之间的电阻,若超过 200 Ω,则励磁线圈及其引出线可能开路或接触不良,应拆下端子板检查。

(4)检查 X、Y 与 C 之间的绝缘电阻,应在 200 MΩ 以上,若有所下降,用热风机对外壳内部进行烘干处理。实际运行时,线圈绝缘性下降将导致测量误差增大、仪表输出信号不稳定。

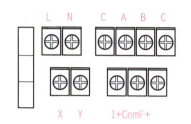

L、N—220 V交流电源;　　　　　　X、Y—励磁驱动;
I+—4~20 mA输出"+";　　　　　　A、B—输入信号;
F+—频率或脉冲输出"+";　　　　　C—输入信号公共端
Com—输出信号公共端;

图 6-11 电磁流量计接线

任务实施

根据上述步骤进行电磁流量计的识别、检测与选用。

任务评价

任务评价见表 6-3。

表 6-3 任务评价

评价项目	评价内容	自评	互评	师评
学习态度(10 分)	能否认真完成任务			
安全意识(10 分)	是否注意保护所用仪表、仪器			
完成任务情况(70 分)	是否了解如何识别电磁流量计(20 分)			
	是否能够熟练使用仪器、仪表(10 分)			
	是否能够掌握电磁流量计的检测方法(20 分)			
	是否掌握电磁流量计的选用方法(20 分)			
协作能力(10 分)	与同组成员交流讨论解决不太清楚的问题			
总评	好(85~100 分),较好(70~84 分),一般(少于 70 分)			

任务二　电磁流量计在自来水厂水量监控电路中的应用

随着国内供水行业自动化技术水平的不断提高以及贸易结算计量的要求，电磁流量计得到了越来越普遍的应用和推广，特别是在供水行业中，电磁流量计的应用已经得到了广泛认可。

知识准备

电磁流量计的工作原理如图6-12所示，是基于法拉第电磁感应定律工作的。在电磁流量计中，测量管内的导电介质相当于法拉第试验中的导电金属杆，两端的两个电磁线圈产生恒定磁场。当有导电介质流过时，则会产生感应电压。管道内部的两个电极测量产生的感应电压，测量管道通过不导电的内衬实现与流体和测量电极的电磁隔离。

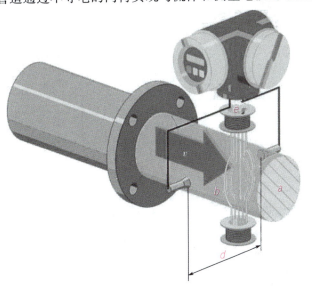

电磁流量计工作原理

图6-12　电磁流量计的工作原理

导电液体在磁场中做切割磁力线的运动时，在垂直于流速和磁场的方向上就会产生感应电动势，其计算公式为

$$E = BDv \tag{6-2}$$

式中：B——磁感应强度(T)；

D——电极间距(m)；

v——流体平均流速(m/s)。

流量为

$$Q = \frac{\pi}{4}D^2 v \tag{6-3}$$

式中：Q——流量(m^3/s)；

D——电极间距(m)；

v——流体平均流速(m/s)。

将式(6-2)代入式(6-3)，则

$$Q = \frac{\pi D}{4B}E \tag{6-4}$$

对于同一台流量计，D、π、B 均是固定值，所以流量 Q（或流速 v）与感应电动势 E 的大小成正比，经过处理运算后进行瞬时流量和累计流量的计量。

图 6-13 所示为电磁流量计的测量电路，试分析其工作原理。

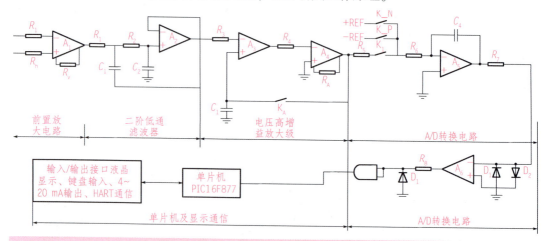

图 6-13　电磁流量计的测量电路

由于电磁流量计的电极输出信号非常微弱，一般只有 0~10 mV，而且工业环境干扰非常大。因此，为了保证测量精度，送入 A/D 转换电路的输入信号应达到 −215~215 V，其模拟部分电压增益应该在 60 dB 以上。其中，前置放大器采用差分输入方式，高通滤波和低通滤波采用二阶有源滤波器形成带通滤波器滤除工频干扰及杂波，放大器采用运放 LM358 完成。A/D 转换单元实现模数转换，与单片机相连。输入输出接口采用液晶显示，并可以输出 4~20 mA 标准信号，既可以就地显示也可以远传实现 HART 通信，从而实现自来水厂水量的监控。

🔧 任务实施

1. 电磁流量计的安装场所

为了使流量计工作可靠、稳定，在选择安装点时应注意以下要求。

（1）尽量避开铁磁性物体、高射频、强振动干扰源及具有强电磁场的设备（如大功率电动机、大型变压器等），以免磁场影响传感器的工作磁场和流量信号。

（2）应尽量安装在干燥通风之处，不宜在潮湿、易积水的地方安装。

（3）应尽量避免日晒雨淋，环境温度应在-20 ℃~60 ℃及相对湿度小于95%。

（4）选择便于维修、活动方便的位置安装。

（5）流量计应安装在水泵后端，绝不能在抽吸侧安装；阀门应安装在流量下游侧，如图6-14所示。

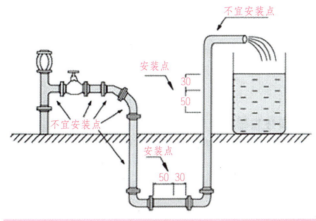

图6-14 电磁流量计的安装位置

2. 电磁流量计的安装

1）直管段长度要求

如图6-15所示，为获得正常的测量精度，电磁流量计的上游应有不小于5DN的直管段长度，若上游有非全开的闸门或调节阀，则连接闸阀与传感器的直管段长度应增加10DN，下游直管段长度一般不小于3DN即可。

图6-15 电磁流量计直管段长度

2）安装位置

传感器最好垂直安装（流体自下而上流动），在这种位置下，当液体不流动时，固体物质沉淀，而油类物质上浮，都不会附着在电极上，如果水平安装，必须保证管道内充满液体，以避免因气穴而影响测量精度。

3）接地

为了仪表能够可靠工作，提高测量精度，电磁流量计必须单独接地（接地电阻100 Ω以下）。在连接传感器的管道内若涂有绝缘层或是非金属管道时，传感器两侧还应加装接地环。如图 6-16 所示。

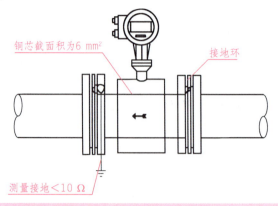

图 6-16　电磁流量计接地安装

3. 电磁流量计的安装注意事项

（1）水平和垂直流向时，电磁流量计应安装在水平管道较低处和垂直向上处，避免安装在管道的最高点和垂直向下处，如图 6-17 所示。

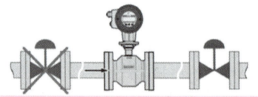

图 6-17　电磁流量计水平安装和垂直安装

（2）管道上的控制阀和切断阀应安装在电磁流量计的下游，而不应安装在传感器上游，如图 6-18 所示。

图 6-18　电磁流量计调节阀的安装位置

（3）电磁流量计绝对不能安装在泵的进口处，应安装在泵的出口处，如图 6-19 所示。

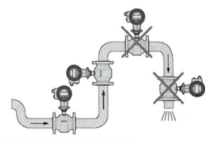

图 6-19　电磁流量计泵的安装位置

项目二 电磁流量计在自来水厂水量监控电路中的应用

任务评价

任务评价见表 6-4。

表 6-4 任务评价

评价项目	评价内容	自评	互评	师评
学习态度(10 分)	能否认真完成任务			
安全意识(10 分)	是否注意保护所用仪表、仪器			
完成任务情况(70 分)	是否了解电磁流量计是如何测流量的(20 分)			
	是否能够进行电磁流量计的检测、识别与选用(20 分)			
	是否掌握电磁流量计在自来水水量监控电路中的安装方法(20 分)			
	是否了解电磁流量计在自来水水量监测电路中的安装注意事项(10 分)			
协作能力(10 分)	与同组成员交流讨论解决不太清楚的问题			
总评	好(85~100 分)，较好(70~84 分)，一般(少于 70 分)			

知识拓展

由于流量检测的多样性和复杂性，现代工业中检测流量的方法非常多，除了涡轮流量计和电磁流量计外，还有容积式流量计、涡街流量计和超声波流量计等。

1. 容积式流量计

1) 定义

容积式流量计又称定排量流量计，简称 PD 流量计，在流量仪表中是精度最高的一类，如图 6-20 所示。它利用机械测量元件把流体连续不断地分割成单个已知的体积部分，根据测量室逐次重复地充满和排放该体积部分流体的次数来测量流体体积总量。

图 6-20 容积式流量计

2) 特点

优点

(1) 计量精度高。
(2) 安装管道条件对计量精度没有影响。
(3) 可用于高黏度液体的测量。
(4) 范围度宽。
(5) 直读式仪表无须外部能源，可直接获得累计总量，清晰明了，操作简便。

缺点 → (1)结果复杂，体积庞大。
(2)被测介质种类、口径、介质工作状态局限性较大。
(3)不适用于高、低温场合。
(4)大部分仪表只适用于洁净单相流体。
(5)产生噪声及振动。

3) 工作原理

流体通过流量计，就会在流量计进、出口之间产生一定的压力差。流量计的转动部件(简称转子)在这个压力差的作用下旋转，并将流体由入口排向出口。在这个过程中，流体一次次地充满流量计的"计量空间"，然后又不断地被送往出口。在给定流量计条件下，该计量空间的体积是确定的，只要测得转子的转动次数，就可以得到通过流量计的流体体积的累计值。

设流量计计量空间体积为 $u(m^3)$，一定时间内转子转动次数为 N，则在该时间内流过的流体体积为

$$V = Nu \tag{6-5}$$

2. 涡街流量计

1) 定义

涡街流量计是基于卡门涡街原理研制出来的。在流体中设置三角柱型旋涡发生体，则从旋涡发生体两侧交替地产生有规则的旋涡，这种旋涡称为卡门旋涡。涡街流量计广泛应用于封闭工业管道中液体、气体的蒸气介质体积和质量流量的测量，如图6-21所示。

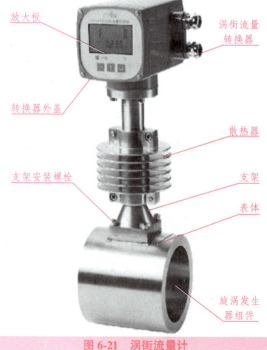

图6-21 涡街流量计

2）特点

优点

(1) 压力损失小。
(2) 量程范围大。
(3) 精度高，在测量体积流量时几乎不受流体密度、压力、温度、黏度等参数的影响。
(4) 无可动机械零件，因此可靠性高，维护量小，结构简单而牢固，长期运行十分可靠。
(5) 安装简单，维修十分方便。
(6) 检测传感器不直接接触介质，性能稳定，寿命长。

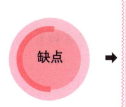

缺点

(1) 抗振性能差，外来振动会使涡街流量计产生测量误差，甚至不能正常工作。
(2) 对测量脏污介质适应性差。
(3) 直管段要求高，涡街流量计直管段一定要保证前 40D 后 20D，才能满足测量要求。
(4) 耐温性差，涡街流量计一般只能测量 300 ℃ 以下介质的流体流量。

3）工作原理

涡街流量计是应用卡门涡街原理和现代电子技术设计、制造的一种流量计，旋涡的发生频率与流体的速度成正比，在一定条件下，符合下式：

$$F=\frac{St \cdot v}{D} \tag{6-6}$$

式中：F——旋涡发生频率；

v——流速；

D——三角柱宽度；

St——斯特劳哈数。

流体旋涡对三角柱产生交替变化的压力，由压电信号传感器检测出并转换成电信号，经前置放大器进行放大，变成标准电信号输出。由此可知，通过测量旋涡频率就可以计算出流过旋涡发生体的流体平均速度 V，再由式 $Q=VA$ 可以求出流量 Q，其中 A 为流体流过旋涡发生体的截面积。

3. 超声波流量计

1）定义

超声波流量计是使用压电材料锆钛酸铅（PZT）晶体制成，能将电能转换成声能的元件。它是通过检测流体流动时对超声束（或超声脉冲）的作用，以测量体积流量的仪表，如

图 6-22 所示。

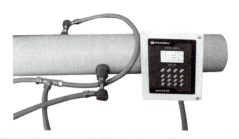

图 6-22 超声波流量计

2) 特点

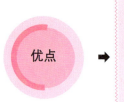

（1）超声波流量计是一种非接触式仪表，它既可以测量大管径的介质流量，也可以用于不易接触和观察的介质的测量。

（2）测量精度较高，几乎不受被测介质的各种参数的干扰，尤其可以解决其他仪表不能解决的强腐蚀性、非导电性、放射性及易燃易爆介质的流量测量问题。

（1）超声波流量计的温度测量范围不高，一般只能测量温度低于 200 ℃ 的流体。

（2）抗干扰能力差，测量管道因结垢会严重影响测量精度，从而带来显著的测量误差。

（3）可靠性、精度等级不高，重复性差，使用寿命短，价格较高。

3) 工作原理

超声波在流动的流体中传播时就载上流体流速的信息，因此通过接收到的超声波就可以检测出流体的流速，从而换算成流量。根据检测的方式，可分为传播速度差法、多普勒法、波束偏移法、噪声法及相关法等不同类型的超声波流量计。

课后习题

课后习题一

一、判断题

1. 涡轮流量计能长期保持校准特性，不需要定期校验。（ ）
2. 涡轮流量计是基于流体动量矩守恒原理工作的，其测量准确度很高，可与容积式流量计并列。（ ）
3. 涡轮流量计对被测流体清洁度要求不高，适用温度范围小。（ ）
4. 涡轮流量计输出为脉冲信号，抗干扰能力强，信号便于远传及与计算机相连。（ ）
5. 涡轮流量计安装时采用外电源时可不接地。（ ）

二、选择题

1. 涡轮流量计是一种（   ）流量计。
   A. 质量式　　　　B. 体积式　　　　C. 速度式　　　　D. 长度式
2. 涡轮流量计的输出信号为（   ）。
   A. 脉冲信号　　　B. 电压信号　　　C. 电流信号　　　D. 以上都不是
3. 涡轮流量计安装前应有（   ）以上直管段，后应有5D以上的直管段
   A. 5D　　　　　　B. 10D　　　　　C. 15D　　　　　D. 20D
4. 涡轮流量计的气体精确度可达（   ）%R（R为读数或表显示量）。
   A. 0.25-0.5　　　B. 0.5-1.0　　　C. 1.0-1.5　　　D. 1.5-2.0
5. 气体涡轮流量计安装时选择安装点以下不考虑的是（   ）。
   A. 环境湿度　　　　　　　　　　　B. 环境空气
   C. 机械振动和冲击　　　　　　　　D. 高度

三、填空题

1. 涡轮流量计应_____安装。
2. 涡轮流量计由_____、_____、_____、_____、_____组成。
3. 涡轮流量变送器前后应有适当的_____。
4. 气体涡轮流量计的流量计算公式为_____。
5. 前置放大器由_____、_____两部分组成。
6. 信号接收与显示器的作用是将从前置放大器送来的脉冲信号变换为_____。

四、简答题

1. 什么是涡轮流量计？简述其工作原理。
2. 如何选用气体涡轮流量计？
3. 涡轮流量计的检测步骤。
4. 简述涡轮流量计在天然气计量电路中的安装方法。

课后习题二

一、判断题

1. 电磁流量计是不能测量气体介质流量的。（   ）
2. 电磁流量计可以水平、垂直或倾斜安装，也可以安装在泵的前面。（   ）
3. 电磁流量计无机械惯性，反应灵敏，可以测量脉动流量，也可测量正反两个方向的流量。（   ）
4. 当流体通过电磁流量计时不会引起任何附加的压力损失，因此它是流量计中运行能耗最低的流量仪表之一。（   ）
5. 电磁流量计的电导率应不高于 5μs/cm。（   ）

二、选择题

1. 电磁流量计是基于（   ）而工作的流量测量仪表。
   A. 流体动量矩原理　　　　　　　　B. 电磁感应定律
   C. 流体流动的节流原理　　　　　　D. 流体动压原理

2. 电磁流量计选型时，可不考虑（   ）的影响。
   A. 介质的导电率　　　　　　　　　B. 流体的流速
   C. 介质的温度、压力　　　　　　　D. 介质的密度

3. 下面关于电磁流量计安装说法不正确的是（   ）。
   A. 电磁流量计可以安装在电磁产生的电动机、变压器或其他动力电源附近
   B. 为了确保流量计的测量精度，应确保流量计上游直管段长度至少 5 倍管径，下游直管段至少 3 倍管径
   C. 应保证流量计所测量的管路始终充满液体
   D. 流量计所测管路不能有气体存在，且阀门应安装在流量计的下游

4. 如图所示是电磁流量计的示意图。圆管由非磁性材料制成，空间有匀强磁场。当管中的导电液体流过磁场区域时，测出管壁上 MN 两点的电动势 E，就可以知道管中液体的流量 Q——单位时间内流过管道横截面的液体的体积。已知管的直径为 d，磁感应强度为 B，则关于 Q 的表达式正确的是（   ）。

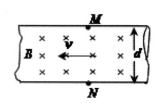

A. $Q = \dfrac{\pi d}{4B} E$　　　B. $Q = \dfrac{\pi d^2}{4B} E$　　　C. $Q = \dfrac{\pi d}{B} E$　　　D. $Q = \dfrac{\pi d^2}{B} E$

5. 关于电磁流量计，以下说法错误的是（　　）。

A. 电磁流量计不能测量气体介质流量

B. 电磁流量计的输出电流与介质流量有线性关系

C. 电磁流量变送器和工艺管道紧固在一起，可以不必再接地线

D. 电磁流量计地线接在公用地线、上下水管道就足够了

三、填空题

1. 电磁流量计的结构由_____、_____、_____、_____、_____五部分组成。

2. 城市自来水选择电磁流量计的内衬一般可采用_____、_____。

3. 电磁流量计绝对不能安装在泵的_____，应安装在泵的_____。

4. 电磁流量计的流量 Q 与感应电动势 E 的大小成_____。

5. 电磁流量计的输出形式有_____、_____、_____、_____等。

四、简答题

1. 简述电磁流量计的优缺点。

2. 如何选择合适的电磁流量计？

3. 简述如何安装电磁流量计。

模块七
速度传感器的应用

模块学习目标

1. 掌握速度传感器的种类、特性、主要参数和选用方法。
2. 能够熟练对霍尔式传感器和电磁式传感器进行检测。
3. 能够正确安装、使用霍尔式传感器和电磁式传感器。
4. 能够分析霍尔式传感器信号检测和转速计算的原理，并能进行熟练调试。
5. 能够分析电磁式传感器信号检测和转速计算的原理，并能进行熟练调试。
6. 根据霍尔效应，能量守恒，引导学生懂得付出总有回报、一份耕耘一份收获。

段宝岩：用科学连接宇宙的尽头

项目一　霍尔式传感器在汽车防抱死装置中的应用

任务引入

通过调试观察霍尔式传感器在汽车防抱死装置应用电路中的工作过程，掌握霍尔式传感器的工作原理及应用。

学习目标

1. 能够根据霍尔式传感器的特性正确选用霍尔式传感器。
2. 能够识别和检测霍尔式传感器的质量。
3. 能够分析霍尔式传感器测速电路的信号检测和速度转化计算的工作原理。
4. 掌握霍尔式传感器测速电路的调试方法。

学习准备

元器件、材料：如表7-1所示的元器件、材料。

表7-1　元器件、材料清单

序号	名称	型号	单位	数量
1	电阻	10 kΩ	个	1
2	光敏电阻	2 kΩ	个	1
3	电阻	8550	个	1
4	电阻	OTC608	个	1
5	直流电动机	12 V	个	1
6	电源	5 V	个	1

任务一　霍尔式传感器的认识

知识准备

1. 速度传感器

单位时间内位移的增量就是速度。速度包括线速度和角速度，与之相对应的就有线速度传感器和角速度传感器，我们都统称为速度传感器。

在机器人自动化技术中，旋转运动的速度测量较多，而且直线运动速度也经常通过旋转速度间接测量。目前广泛使用的速度传感器是直流测速机，可以将旋转速度转变成电信号。测速机要求输出电压与转速间保持线性关系，并要求输出电压陡度大、时间及温度稳定性好。测速机一般可分为直流式和交流式两种。直流式测速机的励磁方式可分为他励式和永磁式两种，电枢结构有带槽式、空心式、盘式印刷电路等形式，其中带槽式最为常用。

2. 霍尔式传感器

霍尔式传感器是根据霍尔效应制作的一种磁场传感器，广泛应用于工业自动化技术、检测技术及信息处理等方面。

3. 霍尔元件的结构及工作原理

半导体薄片置于磁感应强度为 B 的磁场中，磁场方向垂直于薄片，当有电流 I 流过薄片时，在垂直于电流和磁场的方向上将产生电动势 E_H，这种现象称为霍尔效应。图 7-1 所示为磁感应强度 $B=0$ 时的情况。

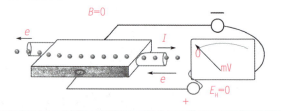

霍尔传感器的工作原理

图 7-1　磁感应强度 $B=0$ 时的情况

作用在半导体薄片上的磁场强度 B 越强，霍尔电势就越高，如图 7-2 所示。霍尔电势 E_H 可用下式表示为

$$E_H = K_H I B \tag{7-1}$$

式中：E_H——霍尔电势（V）；

　　　K_H——霍尔常数 [mV/(mA·T)]；

　　　I——控制电流（A）；

B——磁场强度（T）。

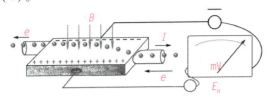

图 7-2　磁感应强度 B 较大时的情况

当磁场垂直于薄片时，电子受到洛伦兹力的作用，向内侧（d 侧）偏移，在半导体薄片 c、d 方向的端面之间建立起霍尔电势。图 7-3 所示为霍尔效应演示。

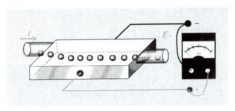

图 7-3　霍尔效应演示

4. 霍尔元件的主要外特性参数

1）最大磁感应强度 B_M

图 7-4 所示为霍尔元件磁感应强度的线性区域。

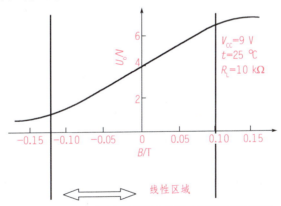

图 7-4　霍尔元件磁感应强度的线性区域

2）最大激励电流 I_M

由于霍尔电势随激励电流增大而增大，故在应用中总希望选用较大的激励电流。但激励电流增大，霍尔元件的功耗增大，元件的温度升高，从而引起霍尔电势的温漂增大，因此每种型号的元件均规定了相应的最大激励电流，其数值从几毫安至十几毫安不等。

模 块 七 速度传感器的应用

5. 霍尔集成电路

霍尔集成电路可分为线性型和开关型两大类。

（1）线性型霍尔集成电路是将霍尔元件和恒流源、线性差动放大器等做在一个芯片上，输出电压为伏级，比直接使用霍尔元件方便得多。较典型的线性型霍尔器件包括 UGN3501 等，如图 7-5 所示。

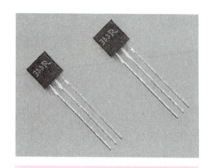

图 7-5 线性型霍尔器件

（2）开关型霍尔集成电路是将霍尔元件、稳压电路、放大器、施密特触发器、OC 门（集电极开路输出门）等电路做在同一个芯片上，当外加磁场强度超过规定的工作点时，OC 门由高阻态变为导通状态，输出低电平；当外加磁场强度低于释放点时，OC 门重新变为高阻态，输出高电平。较典型的开关型霍尔器件包括 UGN3020 等，开关型霍尔集成电路的外形及内部电路如图 7-6 所示。

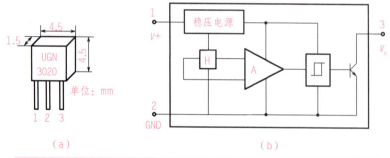

（a）　　　　　　　　　　　　　　（b）

图 7-6 开关型霍尔集成电路的外形及内部电路
（a）外观；（b）内部电路

6. 霍尔式传感器的应用

霍尔电势是关于 I、B、θ 三个变量的函数，即 $E_H = K_H IB\cos\theta$。

利用这个关系可以使其中两个量不变，将第三个量作为变量，或者固定其中一个量，其余两个量都作为变量。这使得霍尔式传感器有多种用途。

霍尔式传感器主要用于测量能够转换为磁场变化的其他物理量，如图 7-7、图 7-8 和图 7-9 所示。

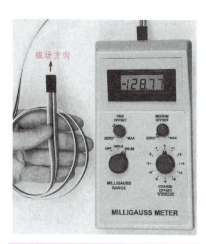

图 7-7 测量磁场方向的霍尔高斯计

项目一　霍尔式传感器在汽车防抱死装置中的应用

图 7-8　测量磁场强度的霍尔高斯计　　　图 7-9　霍尔传感器用于测量磁场强度

7. 霍尔转速表

在被测转速的转轴上安装一个齿盘，也可选取机械系统中的一个齿轮，将线性型霍尔器件及磁路系统靠近齿盘。齿盘的转动使磁路的磁阻随气隙的改变而周期性地变化，霍尔器件输出的微小脉冲信号经隔直、放大、整形后可以确定被测物的转速。霍尔转速表的原理如图 7-10 所示。

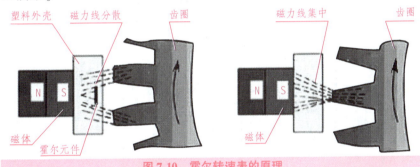

图 7-10　霍尔转速表的原理

当轮齿对准霍尔元件时，磁力线集中穿过霍尔元件，可产生较大的霍尔电势，放大、整形后输出高电平；反之，当齿轮的空挡对准霍尔元件时，将输出低电平。

若汽车在刹车时车轮被抱死，将产生危险，用霍尔转速传感器来检测和保持车轮的转动，有助于控制刹车时力的大小和防止侧偏。霍尔转速传感器在汽车防抱死装置（ABS）中的应用如图 7-11 所示。

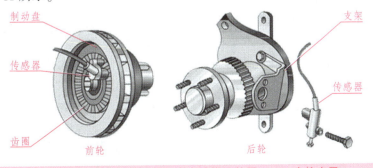

图 7-11　霍尔转速传感器在汽车防抱死装置（ABS）中的应用

175

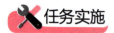 任务实施

任务二　霍尔式传感器在汽车防抱死装置中的应用电路制作

霍尔式传感器在汽车防抱死装置中的应用电路可用万能电路板制作，也可用面包板或模块制作。

 知识准备

图 7-12 所示为霍尔式传感器在汽车防抱死装置中的应用电路。

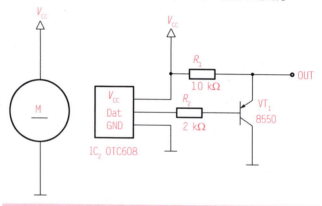

图 7-12　霍尔式传感器在汽车防抱死装置中的应用电路

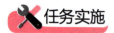 任务实施

按图 7-12 将电路焊接在试验板上，认真检查电路，正确无误后接好霍尔传感器和电压表头。前端部分 OTC608 传感器和放大电路按照常规设计即可。电动机部分焊接一个带磁铁的旋转头，模拟汽车防抱死装置中带微型磁铁的电动机部分，以便测量电动机的转速。

任务三　霍尔式传感器在汽车防抱死装置中的应用电路调试

1. 工作原理

电动机运转过程中，当磁铁靠近霍尔式传感器时，其2脚输出高电平，VT_1截止，输出端OUT输出高电平；当磁铁离开霍尔式传感器时，2脚输出低电平，VT_1导通，输出端OUT输出低电平。这样就形成一组脉冲串，该脉冲串被送入计数器等装置进行技术分析后，便可以通过记录脉冲数量来获取电动机的转数。

2. 调试方法和步骤

记录一段时间内，霍尔传感器输出高低电平脉冲串，通过式(7-2)计算出电动机的转速。

$$n = 60 \frac{f}{n_0} \tag{7-2}$$

式中：n——输出电平脉冲数；

　　　n_0——旋转头齿轮安装磁铁块的个数；

　　　f——频率(Hz)。

任务实施

按照上述步骤进行电路调试，并将结果填在表7-2内。

表7-2　试验参数记录

时间/s	10	10	10	10
OUT端电平状态				
电动机转速				

任务评价见表7-3。

表7-3 任务评价

评价项目	评价内容	自评	互评	师评
学习态度(10分)	能否认真观察试验现象及完成任务			
安全意识(10分)	是否注意保护所用仪表、仪器			
完成任务情况(70分)	是否了解霍尔式传感器是如何测速度的(20分)			
	是否能够进行霍尔式传感器元件的检测(10分)			
	是否能够正确搭建应用电路(20分)			
	是否掌握观测霍尔式传感器输出电平变化的方法(20分)			
协作能力(10分)	与同组成员交流讨论解决不太清楚的问题			
总评	好(85~100分),较好(70~84分),一般(少于70分)			

项目二　磁电式传感器在发动机转速检测电路中的应用

项目二
磁电式传感器在发动机转速检测电路中的应用

任务引入

基于电磁感应原理，N 匝线圈所在磁场的磁通变化时，线圈中感应电动势发生变化，因此当转盘上嵌入 N 个磁棒时，每转一周线圈感应电动势产生 N 次变化，通过放大、整形和计数等电路即可测量转速。

学习目标

1. 理解磁电式传感器的工作原理。
2. 掌握磁电式传感器的特性。
3. 掌握磁电式传感器的结构形式。
4. 掌握磁电式传感器的转换电路。
5. 理解磁电式传感器的各种应用原理。

任务一　初识磁电式传感器

知识准备

磁电式传感器是利用电磁感应原理，将输入运动速度变换成感应电势输出的传感器。它不需要辅助电源就能把被测对象的机械能转换成易于测量的电信号，是一种有源传感器。

1. 基本原理

磁电式传感器有时也称作电动式或感应式传感器，它只适合进行动态测量。由于具有较大的输出功率，故配用电路较简单；零位及性能稳定；工作频带一般为 10~1 000 Hz。

磁电式传感器具有双向转换特性，利用其逆转换效应可构成力(矩)发生器和电磁激振器等。根据电磁感应定律，当 N 匝线圈在均恒磁场内运动时，设穿过线圈的磁通为 Φ，则线圈内的感应电动势 e 与磁通变化率 $\dfrac{d\Phi}{dt}$ 有如下公式：

$$e = -N\dfrac{d\Phi}{dt} \tag{7-3}$$

式中：e——感应电动势(V)；

N——线圈匝数；

Φ——磁通(Wb)。

2. 结构类型

磁通变化率与磁场强度、磁路磁阻、线圈与磁场的相对运动速度有关，故改变其中任一个因素，都会改变线圈的感应电动势。

(1)根据以上原理，有两种磁电式传感器：

(2)恒磁通式：磁路系统具有恒定磁场，运动部件可以是线圈也可以是磁铁。

变磁通式：线圈、磁铁静止不动，转动物体引起磁阻、磁通变化。

1) 恒磁通式

恒磁通式由永久磁铁、线圈、弹簧和金属骨架组成，磁路系统产生恒定的直流磁场，磁路中的工作气隙固定不变，气隙中的磁通也恒定不变，感应电动势是由于线圈相对于永久磁铁运动时切割磁力线产生的，运动部件可以是线圈也可以是磁铁，其结构分为动圈式和动磁式，如图 7-13 所示。

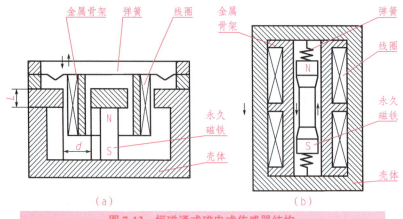

图 7-13 恒磁通式磁电式传感器结构
(a) 动圈式；(b) 动磁式

图 7-14 所示为动圈式磁电式传感器的工作原理。当线圈在垂直于磁场方向做直线运

动或旋转运动时,若以线圈相对磁场运动的速度 v 或角速度 ω 表示,则所产生的感应电动势:

线速度型为

$$e = -NBlv \tag{7-4}$$

角速度型为

$$e = -NBs\omega \tag{7-5}$$

当传感器的结构参数确定后,B、l、N、s 均为定值,感应电动势 e 与线圈相对磁场的运动速度(v 或 ω)成正比,所以这类传感器的基本形式是速度传感器,能直接测量线速度或角速度。如果在其测量电路中接入积分电路或微分电路,还可以用来测量位移或加速度。但由上述工作原理可知,磁电式传感器只适用于动态测量。

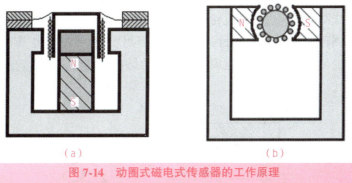

图 7-14 动圈式磁电式传感器的工作原理
(a) 线速度型 (b) 角速度型

2) 变磁通式

变磁通式磁电式传感器的线圈和永久磁铁都是静止的,感应电动势由变化的磁通产生,如图 7-15 所示。

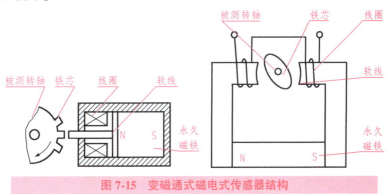

图 7-15 变磁通式磁电式传感器结构

图 7-16 为开磁路变磁通式磁电式传感器结构,线圈、磁铁静止不动,测量齿轮安装在被测旋转体上,随被测物体一起转动。每转动一个齿,齿的凹凸引起磁路磁阻变化一次,磁通也就变化一次,线圈中产生感应电动势,其变化频率等于被测转速 n 与测量齿轮上齿数 z 的乘积。由频率计测得 f,即可求得转速 n。这种传感器结构简单,但输出信号较小且

因高速轴上加装齿轮较危险而不宜用在高转速测量的场合。

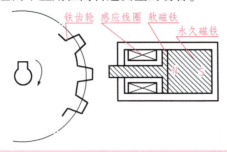

图 7-16　开磁路变磁通式磁电式传感器结构

图 7-17 为闭磁路变磁通式磁电式传感器结构，它由装在转轴上的内齿轮和外齿轮、永久磁铁和感应线圈组成，内、外齿轮齿数相同。当转轴连接到被测转轴上时，外齿轮不动，内齿轮随被测转轴转动，内、外齿轮的相对转动使气隙磁阻产生周期性变化，从而引起磁路中磁通的变化，使线圈内产生周期性变化的感应电动势。显然，感应电动势的频率与被测转速成正比。

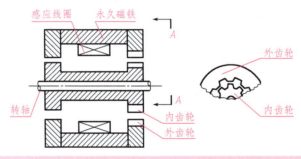

图 7-17　闭磁路变磁通式磁电式传感器结构

3. 信号调理电路

为便于各级阻抗匹配，将积分电路和微分电路置于两极放大器之间，如图 7-18 所示。

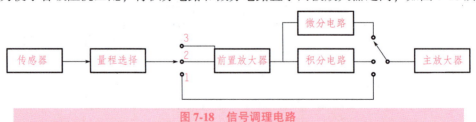

图 7-18　信号调理电路

4. 磁电式传感器的应用

1) 变磁通式磁电式线速度/角速度传感器

变磁通式磁电式线速度/角速度传感器如图 7-19 所示。

2) 磁电式扭矩传感器

项目二 磁电式传感器在发动机转速检测电路中的应用

当扭矩作用在转轴上时，两个磁电传感器输出的感应电压 u_1、u_2 存在相位差，相差与扭矩的扭转角成正比，传感器可以将扭矩引起的扭转角转换成相位差的电信号。其主要应用有电磁式心音传感器、电磁血流量计等，如图 7-20 所示。

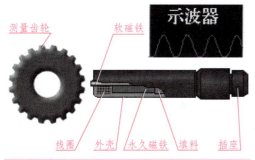

图 7-19 变磁通式磁电式线速度/角速度传感器

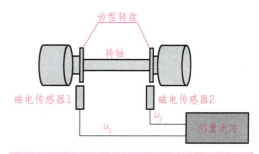

图 7-20 磁电式扭矩传感器

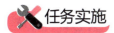 任务实施

认识磁电式传感器。

任务二 磁电式传感器在发动机转速检测中的应用

知识准备

任务目的：了解磁电式传感器测量转速的原理。
基本原理：如图 7-21 所示。

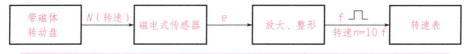

图 7-21 磁电式传感器测量转速的原理框图

实施任务需用器件与材料：主机箱中的调速电源(0~24 V 直流稳压电源)、电压表、频率/转速表、磁电式传感器、转动源。

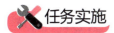 任务实施

正确准备相关器件及材料，检查磁电式传感器是否能正常工作。

任务三　磁电式传感器在发动机转速检测应用中的调试

知识准备

调试方法与步骤

（1）根据图7-22将磁电式传感器安装于霍尔支架上，传感器的端面对准转盘上的磁钢，并调节升降杆使传感器端面与磁钢之间的间隙为2～3 mm。

（2）在接线以前合上主机箱电源开关，将主机箱中的转速调节电源0～24 V旋钮调到最小（逆时针方向转到底）后接入电压表（显示选择为20 V挡），检测大约为1.25 V；然后关闭主机箱电源，将磁电式传感器、转动电源按图7-22所示分别接到主机箱的相应电源和频率/转速表（转速挡）的 F_{in} 上。

（3）合上主机箱电源开关，在小于12 V范围内（电压表监测）调节主机箱的转速调节电源（调节电压改变电动机电枢电压），观察电动机转动及转速表的显示情况。

（4）从2 V开始记录每增加1 V相应电动机转速的数据（待电动机转速比较稳定后读取数据）；画出电动机的 v-n（电动机电枢电压与电动机转速的关系）特性曲线。试验完毕，关闭电源。

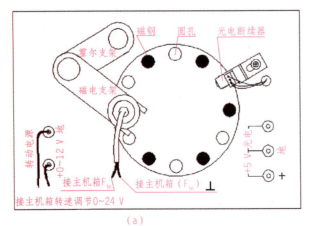

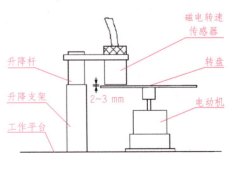

(a)　　　　　　　　　　　　　　　(b)

图7-22　磁电式传感器测速试验安装接线图

(a)磁电式传感器安装于霍尔支架上；(b)磁电式传感器测量安装示意图

项目二　磁电式传感器在发动机转速检测电路中的应用

🔧 任务实施

按照上述步骤进行电路调试。

🔍 任务评价

任务评价见表7-4。

表7-4　任务评价

评价项目	评价内容	自评	互评	师评
学习态度(10分)	能否认真观察试验现象及完成任务			
安全意识(10分)	是否注意保护所用仪表、仪器			
完成任务情况(70分)	是否了解磁电式传感器是如何测速度的(20分)			
	是否能够进行磁电式传感器的检测(10分)			
	是否能够正确制作、搭建应用电路(20分)			
	是否掌握观测转速变化的方法(20分)			
协作能力(10分)	与同组成员交流讨论解决不太清楚的问题			
总评	好(85~100分)，较好(70~84分)，一般(少于70分)			

课后习题

一、填空题

1. 速度包括_____和_____。
2. 速度传感器包括：_____和_____。
3. 霍尔传感器是根据_____制作的一种磁场传感器。
4. 霍尔电势 E_H 可用下面公式表示为 _____。
5. 霍尔集成电路可分为_____和_____两大类。
6. _____是关于 I、B、θ 三个变量的函数，即 $E_H = KHIB\cos\theta$。
7. 磁电式传感器有时也称作_____或_____传感器。
8. 恒磁通式的磁电感应式传感器由_____、_____、_____和_____组成。
9. _____是由于线圈相对于永久磁铁运动时切割磁力线产生的。
10. 磁电式传感器具有_____，利用其逆转换效应可构成力（矩）发生器和电磁激振器等。
11. 磁通变化率与_____、_____、_____与_____有关。
12. 变磁通式的_____和_____都是静止的，感应电势由变化的磁通产生。

二、判断题

1. 直流式测速机的励磁方式可分为他励式和永磁式两种。（   ）
2. 磁电感应式传感器只适用于静态测量。（   ）
3. 激励电流增大，霍尔元件的功耗增大，元件的温度升高，霍尔电势的温漂增大。（   ）
4. 霍尔传感器主要用于测量能够转换为磁场变化的其他物理量。（   ）
5. 霍尔器件输出的微小脉冲信号经放大、整形后可以确定被测物的转速。（   ）
6. 磁电式传感器是利用电磁感应原理，将输入运动速度变换成感应电势输出的传感器。（   ）
7. 磁通变化率与磁场强度、磁路磁阻、线圈与磁场的相对运动速度有关，若改变其中一个因素，不会改变线圈的感应电动势。（   ）
8. 感应电势的频率与被测转速成正比。（   ）
9. 变磁通式感应式传感器每转动一个齿，齿的凹凸引起磁路磁阻变化一次，磁通也就变化一次，线圈中产生感应电势，其变化频率等于被测转速 n 与测量齿轮上齿数 z 的乘积。（   ）

10. 磁电式传感器可以将扭距引起的扭转角转换成相位差的电信号。　　　（　　）

三、简答题

1. 霍尔式传感器在汽车防抱死装置中的工作原理是什么？

2. 简述开关型霍尔集成电路的组成部分及其工作原理。

3. 根据电磁感应定律，当 N 匝线圈在均恒磁场内运动时，设穿过线圈的磁通为 Φ，写出线圈内的感应电势 e 与磁通变化率 $d_\Phi = d_t$ 的公式：

4. 磁电式测量转速的原理是什么？

模块八

气体与湿度传感器的应用

模块学习目标

1. 掌握气体与湿度传感器的种类、特性、主要参数和选用方法。
2. 能够熟练对光敏电阻、气敏电阻和湿敏电阻进行检测。
3. 能够正确安装使用气体与湿度传感器。
4. 能够分析气体与湿度传感器的信号检测和转换电路的工作原理，并能进行熟练调试。

探火总设计师张荣桥：
中国航天将探索更多的星球

项目一

气敏电阻在酒精测试仪中的应用

任务引入

1. 以气敏电阻为传感元件,将气体中酒精浓度转化为电阻。
2. 对于气体中不同的酒精浓度,能够有明显区别的提示。
3. 当酒精浓度达到一定阈值时能够发出声光报警。

学习目标

1. 了解气敏电阻的基本转化原理。
2. 能够识别和检测气敏电阻的质量。
3. 能够分析气敏电阻测温电路的信号检测和转换电路的工作原理。
4. 了解酒精浓度检测仪的电路工作原理,引导学生遵守法律、文明驾驶。

学习准备

元器件、材料:如表8-1所示的元器件、材料。

表8-1 元器件、材料清单

序号	名称	型号	单位	数量
R_1	电阻	1.8 kΩ	个	1
R_2	电阻	1.2 kΩ	个	1
R_3	电阻	3.9 kΩ	个	1
R_p	可调电阻	20 kΩ	个	1
RQ_1	气敏电阻	MQ-3	个	1
IC_1	双向可控硅	LM3914	个	1
LED_{1-5}	绿色 LED	LED	个	5
LED_{6-10}	红色 LED	LED	个	5
POWER	电源	5 V	个	1

模块八 气体与湿度传感器的应用

任务一 初识气敏电阻

知识准备

在生产和生活中,人们往往会接触到各种各样的气体,需要对它们进行检测和控制,如化工生产中气体成分的检测与控制、煤矿瓦斯浓度的检测与报警、环境污染情况的监测等。气敏电阻就是一种将检测到的气体成分和浓度转换为电信号的传感器。

1. 气敏电阻的定义

气敏电阻是利用某些半导体吸收某种气体后发生氧化还原反应制成的电阻,主要成分是金属氧化物,主要品种有金属氧化物气敏电阻、复合氧化物气敏电阻、陶瓷气敏电阻等。

2. 气敏电阻的分类

(1)接触燃烧式气敏电阻。如图 8-1 所示,接触燃烧式气敏电阻(热导式气敏电阻)的检测元件一般为铂金属丝(也可表面涂铂、钯等稀有金属催化层),使用时对铂丝通以电流,保持 300 ℃~400 ℃ 的高温,此时若与可燃性气体接触,可燃性气体就会在稀有金属催化层上燃烧,从而使铂丝的温度会上升,其电阻值也上升;通过测量铂丝电阻值变化的大小,可得出可燃性气体的浓度,如图 8-1 所示。

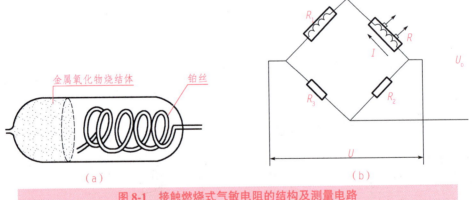

图 8-1 接触燃烧式气敏电阻的结构及测量电路
(a)结构;(b)测量电路

(2)电化学气敏电阻。电化学气敏电阻一般利用液体(或固体、有机凝胶等)电解质,其输出形式可以是气体直接氧化或还原产生的电流,也可以是离子作用于离子电极产生的电动势。

(3)半导体气敏电阻。半导体气敏电阻具有灵敏度高、响应快、稳定性好、使用简单的特点,应用极其广泛。半导体气敏元件有 N 型和 P 型之分,N 型在检测时阻值随气体浓度的增大而减小；P 型阻值随气体浓度的增大而增大。

(4) 还原性气敏电阻。还原性气体是在化学反应中能给出电子，使化学价升高的气体。还原性气体多属于可燃性气体，如石油蒸气、酒精蒸气、甲烷、乙烷、煤气、天然气、氢气等。测量还原性气体的气敏电阻一般是用 SnO_2、ZnO 或 Fe_2O_3 等金属氧化物粉料添加少量铂催化剂、激活剂及其他添加剂，按一定比例烧结而成的半导体器件。

还原性气敏电阻工作时必须加热到 200 ℃ ~ 300 ℃，其目的是加速被测气体的化学吸附和电离的过程并烧去气敏电阻表面的污物(起清洁作用)。N 型半导体的表面在高温下遇到离解能力较小(易失去电子)的还原性气体时，气体分子中的电子将向气敏电阻表面转移，使气敏电阻中的自由电子浓度增加，电阻率降低，电阻减小，这样就把气体浓度信号转换成电信号。MQN 型气敏电阻的结构及测量电路如图 8-2 所示。酒精传感器及其他还原性气体传感器分别如图 8-3、图 8-4 所示。

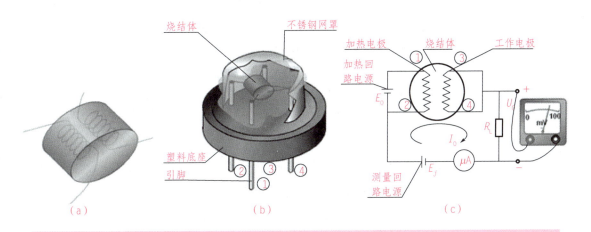

图 8-2　MQN 型气敏电阻的结构及测量电路 (a)气敏烧结体；(b)气敏电阻外形；(c)基本测量转换电路
①②—加热电极；③④—工作电极

图 8-3　酒精传感器　　　　图 8-4　其他还原性气体传感器

3. 气敏电阻的工作原理

声表面波器件的波速和频率会随外界环境的变化而发生漂移。气敏电阻就是利用这种性能，在压电晶体表面涂覆一层选择性吸附某气体的气敏薄膜，当该气敏薄膜与待测气体相互作用（化学作用或生物作用，或者是物理吸附），使得气敏薄膜的膜层质量和导电率发生变化时，引起压电晶体的声表面波频率发生漂移；气体浓度不同，膜层质量和导电率变化程度亦不同，即引起声表面波频率的变化也不同。通过测量声表面波频率的变化就可以获得准确的反应气体浓度的变化值，如图8-5所示。

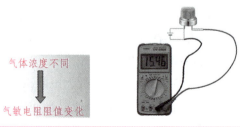

图8-5 气敏电阻的工作原理

4. 气敏半导体的灵敏度特性曲线

气敏半导体的灵敏度特性曲线如图8-6所示。

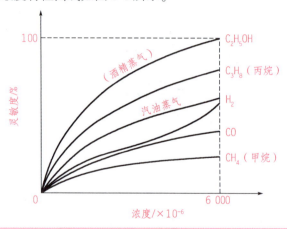

图8-6 气敏半导体的灵敏度特性曲线

5. 气敏电阻的应用

各类易燃、易爆、有毒、有害气体的检测和报警都可以用相应的气敏传感器及其相关电路来实现，如气体成分检测仪、气体报警器、空气净化器等已应用于工厂、矿山、家庭、娱乐场所等。

1) 燃气泄漏报警器

燃气泄漏报警器是非常重要的燃气安全设备，它是安全使用城市燃气的最后一道保障。燃气泄漏报警器通过气体传感器探测周围环境中的低浓度可燃气体，利用采样电路将探测信号用模拟量或数字量传递给控制器或控制电路，当可燃气体浓度超过控制器或控制电路中设定的值时，控制器通过执行器或执行电路发出报警信号或执行关闭燃气阀门等动作。可燃气体报警器探测可燃气体的传感器主要有氧化物半导体型、催化燃烧型、热线型气体传感器，还有少量的其他类型，如化学电池类传感器。这些传感器都是通过对周围环境中的可燃气体的吸附,在传感器表面产生化学反应或电化学反应,造成传感器的电物理特性的改变。

2) 抽油烟机自动启动及报警器

工作时由电动机带动风机旋转,将灶台上方的空气从进气口吸入机内,如图8-7所示。高速旋转的风机叶使油烟气中的油脂微粒在离心力的作用下向四周散射,从而使油脂与烟气得以分离。油脂微粒中的大部分黏附在集油盘的内壁上,经自然冷凝后集中流入油杯。小部分未被收集的油脂微粒随烟气一起被吹入出气口,通过排气管道排出室外。按下监控开关时,电路处于自动监控状态。当发生燃气泄漏时,空气中的一氧化碳浓度超标。自动监控电路自动启动电动机运转,把室内的一氧化碳抽出室外,并同时启动扬声器发出报警声,保证人身和财产安全。

图8-7 抽油烟机自动启动及报警器

3) 酒精测试仪

(1) 电化学型的酒精测试仪以燃料电池作为传感器。测试时,呼出的气体进入仪器的燃烧室,如果气体中含有酒精,酒精就会在催化剂的作用下充分燃烧,转变成电能。这种传感器的电极采用贵金属材质,因此价格昂贵。

(2) 半导体型的酒精测试仪以化学物氧化锡作为传感器。这种物质在不同的温度条件下,对酒精、汽油、香烟等气体具有不同的灵敏度,当它在高温下遇到酒精时,电阻值就会急剧减小。警用便携式酒精测试仪器及防止酒后开车的控制器采用此类传感器,如图8-8、图8-9所示。

图8-8 警用便携式酒精测试仪器

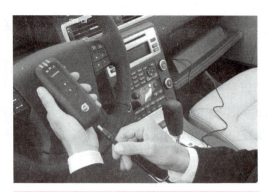

图 8-9　防止酒后开车的控制器

4) 矿用瓦斯报警器

矿用瓦斯报警器装配在酸性矿工灯上,使普通矿灯兼具照明与瓦斯报警两种功能。当矿灯在空气中监测到甲烷气体达到报警浓度时,矿灯每秒闪一次,如图 8-10 所示。

图 8-10　矿用瓦斯报警器

5) 有毒气体报警器

有毒气体报警器主要是用于检测有毒气体泄漏浓度的一种精密电子产品,有毒气体顾名思义就是对人体有害的气体,在检测这类气体时,必须要求相应的有毒气体报警器检测准确且反应迅速。有毒气体报警器采用的一般是电化学式气体传感器,这种气体传感器反应灵敏、性能稳定、精确度高且价格也较合适。一旦发生有毒泄漏的情况,气体报警器就会在很短的时间内把检测到有毒泄漏的浓度值通过电信号的方式经屏蔽电缆线传输给控制主机,气体报警器的控制主机就会发出声光报警,同时启动风机、排风扇、喷淋系统等,这样就会防止意外事故的发生,从而保障人们的生命财产安全不受侵犯。有毒气体报警器如图 8-11 所示。气敏电阻能够检测的气体种类及主要检测场所见表 8-2。

项目一 气敏电阻在酒精测试仪中的应用

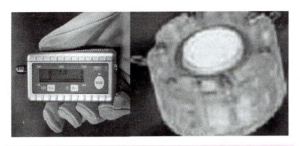

图 8-11 有毒气体报警器

表 8-2 气敏电阻能够检测的气体种类及主要检测场所

种 类	主要检测气体	主要检测场所
易燃、易爆气体	液化石油气、煤气	家庭、油库、油场
	CH_4	煤矿、油场
	可燃性气体或蒸气	工厂
	CO 等未完全燃烧气体	家庭、工厂
有毒气体	H_2S、有机含硫化合物	特定场所
	卤族气体、卤化物气体、NH_3 等	工厂
	O_2(防止缺氧)、CO_2(防止缺氧)	家庭、办公室
环境气体	H_2O(温度调节等)	电子仪器、汽车、温室
	大气污染物(SO_2、NO_2、醛等)	环保
	O_2(燃烧控制、空燃比控制)	引擎、锅炉
工程气体	CO(防止燃烧不完全)	引擎、锅炉
	H_2O(食品加工)	电子灶
其他	酒精呼气、烟、粉尘	交通管理、防火、防爆

任务实施

认识气敏电阻。

任务二 酒精浓度检测仪电路制作

酒精浓度检测仪电路可用万能电路板制作,也可用面包板或模块制作。

知识准备

酒精浓度检测仪电路如图 8-12 所示。

195

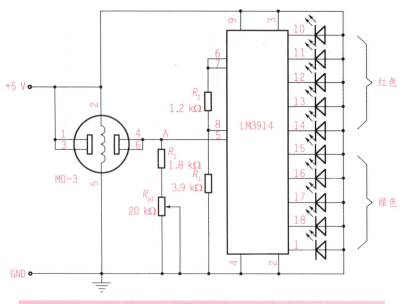

图 8-12　酒精浓度检测仪电路

任务实施

按照图 8-12 将电路焊接在试验板上，认真检查电路，正确无误后，接好光敏电阻和电源。酒精浓度检测仪的前端部分采用气敏电阻 MQ-3、R_1 与 R_{p1} 组成分压电路，通过外界酒精气体浓度的变化来改变 A 点的电位。酒精气体浓度越高，气敏电阻的阻值越小，A 点电位越高。在本试验中，A 点电位与通用电平显示驱动芯片 LM3914 的输入信号端口相连，分别对芯片内部的 10 个电压比较器的基准电压进行比较，直线驱动相应的发光二极管接通。简而言之，酒精气体浓度越高，发光二极管接通的个数越多；气体溶度越低，发光二极管接通的个数越少。

酒精浓度检测仪的精度要求不是很高，所以本实验中采用 MQ-3 型半导体酒精传感器。本实验中气敏电阻采用还原性气体传感器 MQ-3，该传感器是比较常用的酒精气体传感器。MQ-3 型气敏电阻的敏感材料是活性很高的金属氧化物半导体，其价格低廉，可满足对呼出气体酒精浓度的测量需求。

1. MQ-3 型气敏电阻

MQ-3 型气敏传感器的外形和符号如图 8-13 所示。该传感器有 6 个针状引脚，其中 2 个引脚 F 提供加热电流，其余 4 个引脚用于信号读取。

2. MQ-3 型气敏电阻使用注意事项

（1）MQ-3 型气敏电阻在使用时，2 个 A 引脚和 2 个 B 引脚分别并接在一起，相当于 A、B 只有 2 个引脚与外电路相连，本实验中酒精气敏电阻就是按照这种原理工作的。

（2）标准工作条件和环境条件。

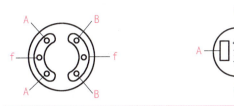

图 8-13 MQ-3 酒精气敏传感器外形及符号

气敏电阻 MQ-3 的标准工作条件见表 8-3,其环境条件见表 8-4。这些条件是选择 MQ-3 型气敏电阻的依据。

环境温度和湿度的变化对气敏电阻的灵敏度有一定的影响。当环境温度较高时,气敏电阻的灵敏度较高;当环境温度较低时,气敏电阻的灵敏度较低。在标准工作环境下,MQ-3 型气敏电阻测试酒精气体的浓度范围为 $(5\sim200)\times10^{-5}$,其浓度上限为 0.2%。

表 8-3 MQ-3 的标准工作条件

符 号	参数名称	技术条件	备 注
U_C	回路电压	10 V	交流或直流
U_R	加热电压	5 V	交流或直流
R_L	加热电阻	可调	0.5~200.0 kΩ
R_H	负载电阻	33 Ω	室温
P_H	加热功耗	<800	

表 8-4 MQ-3 的标准环境条件

符 号	参数名称	技术条件	备 注
T_{AO}	使用条件	-20 ℃~50 ℃	推荐使用范围
T_{AS}	储存温度	-20 ℃~70 ℃	
R_H	相对湿度	<95%RH	
Q_2	氧气浓度	21(标准条件)	最小值>2%

任务三　气敏电阻在酒精浓度检测仪中的应用电路调试

1. 检查电源回路

通电前，用数字万用表二极管通断挡测量电源正负接入点之间的电阻，应为高阻态。目测 IC 的正负电源是否接反。

2. 电压直接调节

用一组 5 V 的稳压电源使系统通电，将另一组稳压电源输出调至 0.2 V，电源正极通过一个 1 kΩ 电阻接入 A 点，电源负极与系统电源负极短接。调节电源从 0.2~5.0 V，观察 LED 和蜂鸣器的变化。LED_1~LED_9 按顺序被点亮，在 LED_5 和 LED_6 被点亮之间蜂鸣器将发出声音，并持续一段时间。

3. 气敏电阻的应用

（1）按照气敏电阻的使用要求，先通电将传感器预热 20 s 左右，测量数据才能稳定。传感器发热属于正常现象，因为其内部有电阻丝，但如果烫手，则说明传感器工作不正常，需要检测。

（2）使用乙醇液体作为酒精气体的散发源，先使用 50% 乙醇水溶液，再具体调节乙醇含量，最终得到 2×10^{-4} 的酒精调试系统。

4. 电位器调节灵敏度

调试完成后，调节电位器 R_p，控制系统测试的灵敏度，记录传感器的电阻参数。

按照上述步骤进行电路调试，并将结果填在表 8-5 内。

表 8-5　试验测试记录

项目	1	2	3	4
乙醇水溶液	50%	75%	85%	90%
气敏电阻				
LED 点亮情况				

任务评价见表 8-6。

表 8-6 任务评价

评价项目	评价内容	自评	互评	师评
学习态度(10分)	能否认真观察试验现象及完成任务			
安全意识(10分)	是否注意保护所用仪表、仪器			
完成任务情况(70分)	是否了解气敏电阻是如何测温度的(20分)			
	是否能够进行气敏电阻元件的检测(10分)			
	是否能够正确搭建应用电路(20分)			
	是否掌握观测电阻变化的方法(20分)			
协作能力(10分)	与同组成员交流讨论解决不太清楚的问题			
总评	好(85~100分),较好(70~84分),一般(少于70分)			

项目二

湿敏传感器在自动加湿器装置中的应用

任务引入

1. 以湿敏传感器为传感元件,将空气中的湿度转化为电阻。
2. 当湿度不同时,自动进行加热除湿状态切换。

学习目标

1. 了解湿敏传感器的基本转化原理。
2. 能够识别和检测湿敏电阻的状态。
3. 能够分析湿敏电阻测温电路的信号检测和转换电路的工作原理。
4. 了解自动加湿装置的电路分析。

学习准备

元器件、材料:如表8-7所示的元器件、材料。

表8-7 元器件、材料清单

序号	名称	型号	单位	数量
R_1	电阻	8.2 kΩ	个	1
R_2	电阻	5.1 kΩ	个	1
R_3	电阻	10 kΩ	个	1
R_4	电阻	5.1 kΩ	个	1
R_5	电阻	51 Ω	个	1
R_H	湿敏电阻 k17003	1~65 kΩ	个	1
R_L	加垫电阻	10 Ω	个	1
VT_1	三极管	9013	个	1

续表

序号	名称	型号	单位	数量
VT_2	三极管	9013	个	1
M_1	继电器			1
C_1	瓷片电容	100 pF	个	1
E	电源	12 V	个	1
LED	红色	指示灯	个	1

任务一　初识湿敏传感器

知识准备

自古至今，湿度的测量是环境测量的重要参数之一。古代所谓"础润张伞，未雨绸缪"，主要是讲通过观测石柱底部的干湿来预测天气是否下雨，从而指导生活。湿度包括气体的湿度和固体的湿度。气体的湿度是指大气中水蒸气的含量，度量方法有：绝对湿度，即每立方米气体在标准状况下（0 ℃，1 个标准大气压）所含有的水蒸气的质量，即水蒸气密度；相对湿度，即一定体积气体中实际含有的水蒸气分压与相同温度下该气体所能包含的最大水蒸气分压之比；含湿量，即每千克干空气中所含水蒸气的质量。其中相对湿度是最常用的。固体的湿度是物质中所含水分的比例，即物质中所含水分的质量与其总质量之比。

1. 湿敏传感器的分类

湿敏传感器种类繁多，有多种分类方式。
（1）按元件输出的电学量分类，可分为电阻式、电容式、频率式等。
（2）按其探测功能分类，可分为相对湿度、绝对湿度、结露和多功能式。
（3）按材料分类，可分为陶瓷式、有机高分子式、半导体式、电解质式等。

湿敏电容湿度传感器

2. 电阻式湿敏传感器

电阻式湿敏传感器是利用湿敏元件的电气特性（如电阻值）随湿度的变化而变化的原理进行湿度测量的传感器。湿敏元件一般是在绝缘物上浸渍吸湿性物质，或者通过蒸发、涂覆等工艺制作一层金属、半导体、高分子薄膜和粉末状颗粒而制作的元件，在湿敏元件的吸湿和脱湿过程中，水分子分解出的离子 H^+ 的传导状态发生变化，从而使元件的电阻值随湿度而变化。

电阻式湿敏传感器最适用于湿度控制领域，其代表产品氯化锂湿度传感器具有稳定性、耐温性好和使用寿命长等诸多优点，氯化锂湿敏传感器已有 50 年以上的生产和研究历史，具有多种多样的产品形式和制作方法。

3. 电阻式湿敏传感器的工作原理

电阻式湿敏传感器主要由感湿层、电极和具有一定机械强度的绝缘基片组成，如图 8-14 所示。感湿层在吸收了环境中的水分后引起两极间电阻值的变化，这样就将相对湿度的变化转化成电阻值的变化。

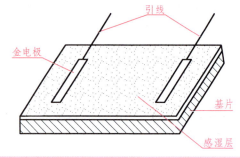

图 8-14　电阻式湿敏传感器的结构

4. 电阻式湿敏传感器的应用

电阻式湿敏传感器广泛应用于洗衣机、空调器、微波炉等家用电器，以及工业、农业等各个方面。图 8-15 所示为湿度检测器电路的原理。

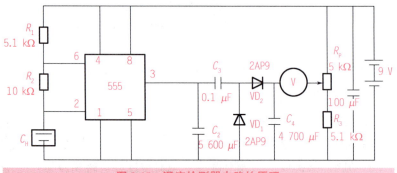

图 8-15　湿度检测器电路的原理

在图 8-15 所示电路中，由 555 时基电路、湿度传感器 C_H 等组成多谐振荡器，在振荡器的输出端接有电容器 C_2，它将多谐振荡器输出的方波信号变为三角波。当相对湿度变化时，湿度传感器 C_H 的电容量随之改变，它将使多谐振荡器输出的频率及三角波的幅度都发生相应的变化，输出的信号经 VD_1、VD_2 整流和 C_4 滤波后，可从电压表上直接读出与相对湿度相应的指数。R_P 电位器用于仪器的调零。

认识湿敏传感器。

任务二　自动去湿装置的电路制作

自动去湿装置的电路可用万能电路板制作，也可用面包板或模块制作。

1. 自动去湿电路原理简介

图 8-16 是一种用于汽车驾驶室挡风玻璃的自动去湿装置电路，其目的是防止驾驶室的挡风玻璃结露或结霜，保证驾驶员视线清楚，避免事故发生。该电路也可用于其他需要去湿的场合。

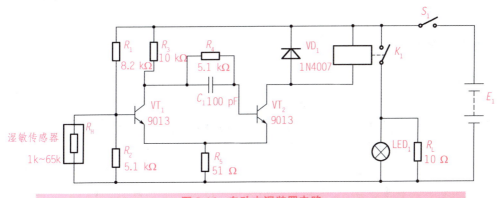

图 8-16　自动去湿装置电路

2. 湿敏传感器的选型及使用注意事项

湿敏传感器，多用电阻式和电容式两种，产品的基本形式都为在基片涂覆感湿材料形成感湿膜。空气中的水蒸气吸附于感湿材料后，元件的阻抗、介质常数发生很大的变化，从而制成湿敏元件。根据使用环境，选择不同型号的湿敏传感器。

（1）储存物品的库房/仓库。

一般的存储物品的库房多用壁挂式温湿度传感器。

（2）种植大棚。

种植大棚中常见的传感器测量温湿度的传感器，选用壁挂式的安装方式基本可以满足大棚的要求。

（3）智能家居中温湿度传感器则是室内装饰品的一种，不论在外观或者功能上都比较新颖。

本试验中，自动除湿装置对湿度传感器的精度要求并不是很高，选用电阻式湿敏传感器 K17003，具有感湿范围宽、响应抗污能力强、性能稳定可靠、一致性好等特点。湿敏传感器 K17003 的具体电气特性见表 8-8。

表 8-8　湿敏传感器 K17003 电气特性

额定电压	AC 1.0 V o-p(1 kHz)
额定功率	AC 0.26 mW，AC 0.22 mW
工作温度范围	0 ℃ ~60 ℃
湿度测试范围	30% ~90%RH
特征阻抗	31 kΩ(25 ℃，60%RH)，65 kΩ(25 ℃，60%RH)
精度	±5%RH(25 ℃，63%RH)
响应时间	<60 s
滞后特性阻抗	≤3%RH
抗阻碍特性规格	SPEC

任务实施

按照图 8-16 将电路焊接在试验板上，认真检查电路，正确无误后，接好湿敏传感器电源及闭合开关 S。图中 R_L 为嵌入玻璃的加热电阻，R_H 为设置在后窗玻璃上的湿敏传感器。由 VT_1 和 VT_2 三极管组成施密特触发电路，在 VT_1 的基极接有由 R_1、R_2 和湿敏传感器电阻 R_H 组成的偏置电路。在常温常湿条件下，由于 R_H 的阻值较大，VT_1 处于导通状态，VT_2 处于截止状态，继电器 K 不工作，加热电阻无电流流过。当车内、外温差较大，且湿度过大时，湿敏传感器 R_H 的阻值减小，使 VT_2 处于导通状态，VT_1 处于截止状态，继电器 K 工作，其常开触点 K_1 闭合，加热电阻开始加热，后窗玻璃上的潮气被驱散。

任务三　湿敏传感器在自动去湿装置中的应用电路调试

知识准备

1. 检查电源回路

在常温常湿情况下，调好各电阻值，使 T_1 导通，T_2 截止。

2. 电路调试过程

（1）逐渐增大空气中的湿度，实时测试 R_H 阻值的变化，观察继电器辅助动合触点的工作状态及 R_L 加热电阻工作状态。

(2)当 R_L 加热电阻开始工作时，记录施密特电路的工作状态。

任务实施

按照上述步骤进行电路调试，并将结果填在表 8-9 内。

表 8-9　试验测试记录

相对湿度/%	20	40	60	80	100
室内温度/℃	20	20	20	20	20
电阻值/Ω					
LED 指示灯状态					
电路工作状态					

任务评价

任务评价见表 8-10。

表 8-10　任务评价

评价项目	评价内容	自评	互评	师评
学习态度(10 分)	能否认真观察试验现象及完成任务			
安全意识(10 分)	是否注意保护所用仪表、仪器			
完成任务情况(70 分)	是否了解湿敏传感器是如何测温度的(20 分)			
	是否能够进行湿敏电阻元件的检测(10 分)			
	是否能够正确搭建应用电路(20 分)			
	是否掌握观测电阻变化的方法(20 分)			
协作能力(10 分)	与同组成员交流讨论解决不太清楚的问题			
总评	好(85~100 分)，较好(70~84 分)，一般(少于 70 分)			

模块八 气体与湿度传感器的应用

课后习题

一、填空题

1. _____电阻，是一种特殊的电阻，简称光电阻，又名_____。
2. 光敏电阻和_____有直接关系。
3. 光敏电阻器一般用于_____、_____和_____。
4. 光敏电阻的工作原理是基于_____。
5. 根据光敏电阻的光谱特性，可分为三种光敏电阻器：_____、_____、_____。
6. _____是指光敏电阻在不同波长的单色光照射下的灵敏度。
7. 气敏电阻是利用某些_____吸收某种气体后发生_____制成。
8. 气敏电阻传感器分为_____、_____、_____、_____。
9. 电化学型的酒精测试仪，以_____作为传感器。
10. 半导体型的酒精测试仪是采用_____作为传感器。
11. 声表面波器件之_____和_____会随外界环境的变化而发生漂移。
12. _____是在化学反应中能给出电子，化学价升高的气体。
13. _____分为电阻式和电容式两种。
14. _____是利用湿敏元件的电气特性（如电阻值），随湿度的变化而变化的原理进行湿度测量的传感器。
15. _____在吸收了环境中的水分后引起两极间电阻值的变化，这样就将想对湿度的变化转化成电阻值的变化。
16. 湿度检测器电路由_____、_____等组成多谐振荡器
17. 空气中的水蒸汽吸附于感湿材料后，_____、_____发生很大的变化，从而制成湿敏元件。
18. _____是物质中所含水分的百分数，即物质中所含水分的质量与其总质量之比。

二、判断题

1. 光敏电阻的光强度增加，则电阻增大；光强度减小，则电阻减小。（　　）
2. 只要人眼可感受的光，都会引起光敏电阻的阻值变化。（　　）
3. 用于制造光敏电阻的材料主要是金属的硫化物、硒化物和碲化物等半导体。（　　）
4. 在光敏电阻两端的金属电极加上电压，其中便有电流通过，受到一定波长的光线照射时，电流就会随光强的增大而变小，从而实现光电转换。（　　）

5. 半导体的导电能力取决于半导体导带内载流子数目的多少。（   ）
6. 光照特性指光敏电阻输出的电信号随光照度而变化的特性。（   ）
7. 气敏电阻主要品种有：金属氧化物气敏电阻，复合氧化物气敏电阻，陶瓷气敏电阻等。（   ）
8. 电化学气敏传感器一般利用液体（或固体、有机凝胶等）电解质，其输出形式可以是气体直接氧化或还原产生的电流，也可以是离子作用于离子电极产生的电动势。（   ）
9. 半导体气敏传感器具有灵敏度高、响应快、稳定性好、使用简单的特点，应用极其广泛。（   ）
10. 半导体气敏元件有 N 型和 P 型之分，N 型在检测时阻值随气体浓度的增大而减小，P 型阻值随气体浓度的减小而增大。（   ）
11. 电阻式湿敏传感器应当最适用于湿度控制领域，其代表产品氯化锂湿度传感器具有稳定性、耐温性和使用寿命长多项重要的优点。（   ）
12. 汽车驾驶室挡风玻璃的自动去湿电路目的是防止驾驶室的挡风玻璃结露或结霜，保证驾驶员视线清楚，避免事故发生。（   ）
13. 湿敏电阻器广泛应用于洗衣机、空调器、录像机、微波炉等家用电器及工业、农业等方面作湿度检测、湿度控制用。（   ）

三、简答题

1. 为什么光敏电阻的阻值和光线的强弱有直接关系？
2. 简介光控电路中传感器的原理？
3. 酒精测试仪电路工作原理是什么？
4. 有毒气体传感器有什么作用？
5. 电阻式湿敏传感器的工作原理？
6. 自动去湿电路如何工作的？

参 考 答 案

模块一　传感器及检测基本知识

一、填空题

1. 物理量　化学量　化学量　生物量
2. 敏感元件　转换元件　转换电路
3. 静态特性　动态特性
4. 代数差
5. 测量结果　真实值
6. 系统误差　偶然误差　粗大误差
7. 绝对误差　相对误差
8. 接口电路
9. 电阻　电感　电荷　电压
10. 直流电桥电路　交流电桥电路

二、选择题

1. A　2. D　3. B　4. D　5. B

二、判断题

1. ×　2. √　3. ×　4. √　5. √　6. ×　7. ×　8. ×　9. ×　10. √

三、简答题

1. 静态特性是指检测系统的输入为不随时间变化的恒定信号时，系统的输出与输入之间的关系。表征传感器静态特性的主要参数有：线性度、灵敏度、分辨力、迟滞、重复性、漂移等。

2. (1)微型化；(2)智能化；(3)无线网络化；(4)集成化；(5)多样化；

3. 在相同测量条件下多次测量同一物理量，其误差大小和符号能够恒定不变或按照一定规律变化的测量误差，称为系统误差。

4. 在相同测量条件下多次测量同一物理量，其误差大小和符号都不确定，呈无规律的随机性，此类误差称为偶然误差。

5. (1)尽可能提高包括传感器和接口电路在内的整体效率，为了不影响或尽可能地少影响被测对象的本来状态，要求从被测对象上获得的能量越小越好。

(2)具有一定的信号处理能力。

(3)提供传感器多需要的驱动电源。

(4)尽可能完善抗干扰和抗高压冲击保护机制。这种机制包括输入端的保护、前后级电路隔离、模拟和数字滤波等。

四、计算题

解：∵绝对误差为

$\Delta = Ax - A = 8.1 - 8 = +0.1V$

相对误差为

$\gamma A = \dfrac{\Delta}{A_0} \times 100\% = 0.1 \div 8 \times 100\% = 1.25\%$

模块二 温度传感器的应用

一、填空题

1. 正温度系数热敏电阻 PTC 和负温度系数热敏电阻 NTC
2. $-50℃$ —$+300℃$
3. 非线性的。
4. 每 2—3 年
5. 能熔化焊料
6. $45°$
7. PN 结温度传感器
8. 下降
9. 二极管管脚的长短
10. 热电偶
11. 赛贝克效应
12. 均质导体定律 中间温度定律 中间导体定律。
13. b-e 结正向压降的不饱和值
14. b-e 结
15. 输出电流与热力学温度

二、选择题

1. A 2. C 3. D 4. C 5. B 6. D 7. B 8. A 9. B 10. D

三、判断题

1. √ 2. √ 3. √ 4. √ 5. × 6. × 7. √ 8. √ 9. √ 10. √

四、简单题

1. 热敏电阻由金属氧化物或陶瓷半导体材料经成型、烧结等工艺制成或由碳化硅材料制成。

2. 按其特性来说可分为两类一类是其阻值随温度升高而增大称为正温度系数热敏电阻 PTC 另一类是其阻值随温度的升高而减小称为负温度系数热敏电阻 NTC。

3. NTC 热敏电阻的阻值 R 与温度 TK 之间的关系式为：

参考答案

$$Rt = R0^3 \exp[B1/T-1/T0]$$

式中 R0 为热力学温度为 T0K 时的电阻值 B 为常数一般为 3000—5000。不同型号 NTC 热敏电阻的测温范围不同一般为-50℃—+300℃。

4. 优点：灵敏度高(即温度每变化一度时电阻值的变化量大)价格低廉。

缺点：(1)线性度较差尤其是突变型正温度系数热敏电阻 PTC 的线性度很差通常作为开关器件用于温度开关、限流或加热元件负温度系数热敏电阻 NTC 经过采取工艺措施线性有所改善在一定温度范围内可近似为线性当作温度传感器可用于小温度范围内的低精度测量如空调器、冰箱等。(2)互换性差。由于制造上的分散性同一型号不同个体的热敏电阻其特性不尽相同 R0 相差 3%—5%B 值相差 3%左右。通常测试仪表和传感器由厂方配套调试、供应出厂后不可互换。(3) 存在老化、阻值缓变现象。因此以热敏电阻为传感器温度仪表一般每 2—3 年需要校验一次。

5. 将万用表拨到欧姆挡(视标称电阻值确定挡位)，用鳄鱼夹代替表笔分别夹住热敏电阻器的两个引脚，记下此时的阻值；然后用手捏住热敏电阻器，观察万用表示数，此时会看到显示的数据(指针会慢慢移动)随着温度的升高而改变，这表明电阻值在逐渐改变(负温度系数热敏电阻器阻值会变小，正温度系数热敏电阻器阻值会变大)。当阻值改变到一定数值时，显示数据会(指针)逐渐稳定。若环境温度接近体温，则采用这种方法就不灵。这时可用电烙铁或者开水杯靠近或紧贴热敏电阻器进行加热，同样会看到阻值改变。这样，则可证明这只温度系数热敏电阻器是好的。

6. PN 结温度传感器是一种半导体敏感器件，它实现温度与电压的转换。

7. 晶体二极管或三极管的 PN 结的正向导通压降称为 PN 结电压，硅管的结电压常温下约为 0.7V，并且随着温度的升高其大小而减小，温度每升高 1C，结电压约降低 1.8～2.2mV，灵敏度高。在-50C～+150C 范围内具有较好的线性特性，热时间常数约为 0.2～2s，是廉价的温度传感器。

8. 优点：灵敏地高，线性好，价格低廉

缺点：特性随个体不同而有差异，一致性差。

9. 首选普通用途负温度系数热敏电阻器，因它随温度变化一般比正温度系数热敏电阻器易观察，电阻值连续下降明显。若选正温度系数热敏电阻器，实验温度应在该元件居里点温度附近。

10. 粗测热敏电阻的值，宜选用量程适中且通过热敏电阻测量电流较小万用表。若热敏电阻 10kΩ 左右，可以选用 MF10 型万用表，将其挡位开关拨到欧姆挡 R×100，用鳄鱼夹代替表笔分别夹住热敏电阻的两引脚。在环境温度明显低于体温时，读数 10.2k，用手捏住热敏电阻，可看到表针指示的阻值逐渐减小；松开手后，阻值加大，逐渐复原。这样的热敏电阻可以选用(最高工作温度 100℃左右)。

11. 两种不同材料的导体(或半导体)A 与 B 的两端分别相接形成闭合回路，就构成了热电偶。

12. 热电偶的基本结构是热电极、绝缘材料和保护管；并与显示仪表、记录仪表或计算机等配套使用。在现场使用中根据环境，被测介质等多种因素研制成适合各种环境的热电偶。热电偶简单分为装配式热电偶，铠装式热电偶和特殊形式热电偶；按使用环境细分有耐高温热电偶，耐磨热电偶，耐腐热电偶，耐高压热电偶，隔爆热电偶，铝液测温用热电偶，循环硫化床用热电偶，水泥回转窑炉用热电偶，阳极焙烧炉用热电偶，高温热风炉用热电偶，汽化炉用热电偶，渗碳炉用热电偶，高温盐浴炉用热电偶，铜、铁及钢水用热电偶，抗氧化钨铼热电偶，真空炉用热电偶等。

13. 热电偶温度传感器是工业上最常用的温度检测元件之一。其优点如下。测量精度高。因热电偶温度传感器直接与被测对象接触，不受中间介质的影响。温度测量范围广。常用的热电偶温度传感器在-50℃~+1600℃范围内均可连续测量，某些特殊热电偶最低可测到-269℃（如金-铁镍铬热电偶），最高可达+2800℃（如钨-铼热电偶）。性能可靠，机械强度高。使用寿命长，安装方便。

14. 灵敏度低，热电偶的灵敏度很低，如 K 型热电偶温度每变化1℃时，电压变化只有大约40μv，因此对后续的信号放大电路要求较高。热电偶往往用贵金属制成，价格较贵。

模块三　光电传感器的应用

一、填空题

1. 光信号转换成电信号
2. 光敏电阻　光敏二极管　光敏三极管　光电池　光电管
3. 光控电路
4. 阻值接近无穷大
5. 光敏电阻性能越好
6. 光敏电阻已烧穿损坏
7. 内部开路损坏
8. 红外线
9. 小于2m 大于7m
10. 热释电效应
11. 热电元件
12. 热电元件　结型场效应管　电阻　二极管

二、选择题

1. C　2. D　3. C　4. B　5. C　6. B　7. A　8. A　9. C　10. A

三、判断题

1. ×　2. ×　3. √　4. √　5. ×　6. √　7. √　8. √　9. √　10. √

四、简答题

1. 使用简便、价格低廉、线性好、误差小、适合远距离测量、控温、免调试等。
2. 1)模拟集成温度传感器 2)电流输出式集成温度传感器 3)频率输出式集成温度传感

器 4)周期输出式集成温度传感器

3. 数字式温度传感器(又称智能温度传感器)内含温度传感器、A/D 转换器、存储器，采用了数字化技术，能以数据形式输出被测温度值，其测温误差小、分辨能力强、能远距离传输、具有越限温度报警功能、带串行总线接口，适配各种接口。按照串行总线类型分，有单线总线、二线总线和四线总线。

4. 光电传感器将光信号转换成电信号，利用光电之间某些材料的光电特性实现对光信检测。常见的光电传感器有光敏电阻、光敏二极管、光敏三极管、光电池、光电管等器件，电传感器广泛应的的用于各种光控电路，如对光线的调节、控制及需要调节光线的一些家用电产品，如数码相机等。

5. 光敏电阻具有很高的灵敏度，很好的光谱特性，光谱响应可从紫外区到红外区范围内，而且体积小、重量轻、性能稳定、价格便宜，因此应用比较广泛；但因其具有一定的非线性，所以光敏电阻常用于光电开关实现光电控制。

模块四　压力传感器的应用

一、填空题

1. 电阻式　应变效应
2. 金属电阻应变片　半导体应变片
3. 覆盖层　敏感栅　引出线
4. 体型　薄膜型
5. 电桥电路　仪表放大电路　调零电路
6. 蜂鸣片　压电效应　压电陶瓷片　金属振动片
7. 自激振荡式　他激振荡式
8. PVDF(聚偏氟乙烯)压电薄膜　压电效应
9. 柔性、PVDF 压电膜　银浆电极　聚酯基片　压接端子
10. 接收转换电路　直耦式放大电路　倍压整流电路
11. 扩散硅压力传感器　压阻效应
12. 压阻式压力传感器　惠斯顿电桥　恒压源　恒流源

二、选择题

1. D　2. D　3. B　4. C　5. D　6. A　7. C　8. D　9. B　10. A　11. C

三、判断题

1. ×　2. √　3. ×　4. ×　5. √　6. ×　7. √　8. ×　9. ×　10. √　11. ×

四、问答题

1. 答：优点：精度高，寿命长，测量范围广，结构简单，频响特性好，环境适应能力强，能在恶劣条件下工作，容易实现小型化、整体化和品种多样化等。

缺点：应变大时非线性较大、输出信号较弱，要采取一定的补偿措施。因此它广泛应用于自动测试和控制技术中。

2. 答：（1）外观检查　仔细察看被检传感器的外观，如发现外观出现破损龟裂等现象表明该传感器可能受损。

（2）线路粗查　传感器的供电电源线、信号线和屏蔽线为同轴电缆，可用万用表对其进行对测（即电源线-信号线、电源线-屏蔽线、信号线-屏蔽线），若出现短路、断路或绝缘性能下降等现象则表明该传感器可能受损。

（3）测量内部电阻　可用4位数字万用表的欧姆档对传感器的输入阻抗 Z_i 和输出阻抗 Z_o 进行测量，并将测得值与厂商提供的产品合格证书上的标称值进行比对，当测得值超过允许范围时，则表明传感器可能受损。

3. 答：所谓应变效应，是指导体或半导体材料在外界力的作用下产生机械变形时，其电阻值相应的也发生变化。

4. 答：（1）运放调零：打开电源，+，—15V 电源（运放的工作电压）也打开。将运放+，—端接地⊥，输出端接数字电压表的输入端，"增益"电位器调大，调节"调零"电位器使电压表指示为零（2V 档）。拆除连线。在以后的实验中保持两电位器不变。（如已调零可不调）

（2）桥路联接：关闭电源，接好联线。打开电源，调节电位器 WD 使电压表指示为零（2V 档），如不能调零则选一较小的稳定值为零点，在以后的实验中保持电位器不变。

（3）拔线时千万不要拽线，应拿住头部轻旋拔下。

（4）直流电源选 8V，可用电压表测量一下。以免电压过大损坏应变片或造成自热效应。

5. 答：压电效应，是指某些电介质，当沿着一定方向对其施加外力而使其发生机械变形时，内部就产生极化现象，同时在它的两个表面上产生电量相等、符号相反的电荷；当去除外力时，电介质又重新回到不带电的情况。如果外力方向发生改变时，电介质上电荷的极性也发生改变。

6. 答：将万用表拨到直流电压 2.5V 档，左手食指与拇指轻轻捏住压电陶瓷片的两面，右手持万用表的表笔，红表笔接金属片，黑表笔横放陶瓷表面上，然后左手拇指和食指稍用力压一下，随后放松，这样在压电陶瓷片上产生两个极性相反的电压信号，使万用表的指针先向右摆，接着回零，随后向左摆一下，摆幅约为 0.1 — 0.15V，摆幅越大，说明灵敏度越高。若指针静止不动，说明压电陶瓷片内部漏电或破损。

7. 答：（1）压电陶瓷片买来时就一个圆形，在使用时要焊上合适的电极引线。焊接的引线最好用多股软电线，不用太硬、太粗的电线，以免影响发音效果。

（2）焊接前，先检测压电陶瓷片的外观。如果金属片的焊点有污物，需用小刀轻刮。切记，镀银面千万不能用小刀刮，刮掉了镀银面，就不能再焊接了。

（3）焊接时，电烙铁功率应小于或等于 20W，在边缘的金属基片上焊接引线的时间不得超过 3s，在中间的镀银面上焊接引线的时间不得超过 1s，否则极容易烫坏压电陶瓷层及其镀银层。

（4）在镀银面上焊接引线时，如果电烙铁头在焊点上停留的时间过长，已经出现了浅黄(灰)色的陶瓷,就不能再在此处焊接,可以换一处重新焊接。

(5)焊接时,焊点要选择在靠近压电陶瓷片的圆片边缘处,尽可能不要选在中间位置。

(6)构成压电陶瓷片的陶瓷材料又薄又脆,在使用过程中要轻拿轻放,防止跌落、剧烈撞击或敲打。

8. 答:(1)振动传感接收和高灵敏度放大电路,由 HTD、VT、Rp 组成。通过 Rp 调节 VT 栅极偏压,从而调节放大器增益。

(2)单稳态延时电路,由 IC1(555 定时器)、R4 和 C3 组成。常态时,IC1 的 3 脚输出低电平。当压电陶瓷片接收到振动信号时,经 VT 放大后输出,触发单稳态电路并使其翻转,3 脚输出高电平。此时,电路进入暂稳态,电源通过 R4 向 C3 充电,充电 2min 后,C3 充电电压升高到 6 脚的阈值电平,触发器自动翻转,3 脚恢复低电平,电路又进入稳态。

(3)音频振荡器,由 IC2(555 定时器)、R5、R6、C4 组成。常态时,因为 IC2 的 3 脚输出低电平,振荡器不工作;当 IC2 的 3 脚输出高电平时,振荡器开始工作,发出报警声。该振荡器的振荡频率取决于 R5、R6 与 C4 的数值,本电路约为 4.8kHz。想要获得不同的振荡频率和报警声,改变 R5、R6 及 C4 的数值即可。

9. 答:(1)使用时,将压接端子引脚穿过印刷线路板,焊在 PCB 板另一面的导电图形上。

(2)焊接前,先检测高分析压电薄膜振动感应片的外观。如果感应片上有污物,要拿布轻轻擦拭,以免影响测量结果。

(3)焊接时,焊点要选择在靠近高分析压电薄膜振动感应片的压接端子边缘处,尽可能不要选在靠近感应片的地方,以免烫坏薄膜层。

(4)构成高分析压电薄膜振动感应片的薄膜较薄,在使用过程中要轻拿轻放,防止跌落、剧烈撞击或敲打。

10. 答:(1)接收转换电路,由高分析压电薄膜振动感应片 B 组成,将接收到的振动信号或响声转换成电信号。

(2)直耦式放大电路,由 VT1、VT2、R1、R2 等组成,将 B 转换的极其微弱的电信号加以放大。

(3)倍压整流电路,由 C2、VD2、C3、VD3 组成,利用 C2 从 VT2 的集电极上取出放大信号,经二极管 VD1、VD2 倍压整流后将 VT3 导通。

(4)语音报警电路,由 VS、HA、SB 等组成,VT3 导通后在 R4 两端产生的压降将单向可控硅 VS 导通并锁存,语言报警喇叭 HA 通电反复发出"抓贼呀—"喊声。按一下 SB,解除警报声。

(5)电源电路,由 T、QD、C5、VD3、G 组成,由电源变压器 T 将 220V 市电降为 12V,经 QD 整流、C5 滤波后供给电路工作。为了防止交流电源中断,还配备了 12V 电池组,始终让报警电路处于准备状态,实用可靠。

11. 答:压阻式传感器的优点是:

（1）灵敏度非常高，比金属应变式压力传感器的灵敏度系数要大 50~100 倍，有时传感器的输出不需放大可直接用于测量。

（2）压力分辨率高，它可以检测出像 10~20Pa 这么小的微压。

（3）采用集成电路工艺加工，测量元件的有效面积可做得很小，故频率响应高，整体尺寸小，重量轻。

（4）工作可靠，综合精度高，且使用寿命长。

（5）便于实现数字化。

缺点是传感器对温度比较敏感，其温度误差较大且制造工艺较复杂。

12. 答：（1）焊接前，先检测 MPX2100DP 压阻式压力传感器的外观。如果传感器的引脚有污物，需用布轻轻擦拭或用小刀轻刮，但注意用力不要过猛。

（2）检查 MPX2100DP 端口尺寸，保持端口气管安装孔的清洁。

（3）焊接时，一定要找准 MPX2100DP 的 4 个引脚，注意引脚的朝向。仔细观察，有个小缺口的是 1 脚，依次下来是 2、3、4 脚。

（4）使用过程中，避免高低温干扰、高低频干扰和静电干扰。

（5）对 MPX2100DP 加压时，注意不要超过它的工作压力，防止压力过载。

13. 答：（1）压力检测电路，由压阻式压力传感器 MPX2100DP 组成，感受压力，并传送给放大器。

（2）放大电路，由 IC1、IC2、PR1 等组成，将接收到的压力信号加以放大，获得仪器放大器所需的高输入阻抗。通过调节 RP1，调节放大器的增益，校准满量程压力时的显示数字。

（3）差动放大器，主要由 IC3 组成，获得较高的 CMRR(运算放大器共模抑制比)。

（4）调零电路，主要由 IC4、RP2 组成，通过调节 RP2，完成电路的调零设置。

（5）A/D 转换电路，主要由 IC5 组成，将 IC3 输出的模拟电压转换成数字量，驱动 LED 显示器显示。

（6）显示电路，由 LED 显示器组成，将检测到的压力以数字形式显示出来。

模块五　位移传感器的应用

一、填空

1. 机械位移　电阻或电压
2. 直线型电位器式位移传感器　旋转型电位器式位移传感器
3. 变气隙式　变面积式　变螺线管式
4. 零点残余电压
5. 接近开关　接近　位移　电信号。
6. 电容式接近开关、超声波式接近开关和霍尔接近开关。
7. 超声波　可闻声波　次声波　次声波
8. 磁致伸缩式　压电式

9. 反射　都不变

10. 直线　圆

二、选择

1. B　2. C　3. D　4. C　5. B　6. C　7. B　8. A　9. B　10. C

三、判断题

1. √　2. ×　3. ×　4. √　5. √　6. ×　7. √　8. √　9. √　10. ×

四、问答与计算

1. 什么是超声波？什么是超声波传感器？超声波传感器各个领域中的应用有哪些？

频率超过20kHZ的声波称为超声波。使用频率高于20kHz的声波制成的传感器称为超声波传感器。

焊接——超声波塑料焊接机

捕鱼——便携式超声波探鱼器

医学——B超、三维彩超等等

清洗——超声波清洗器

探伤——超声波探伤仪

测距——倒车雷达，测速

2. 写出差动变压器传感器的结构与工作原理。

结构：变压器二次侧有两组绕组形成差动电感。

工作原理：将被测物理量转换成两个电感量的差值变化并通过测量电路转化为电信号测出。

3. 绕线电位器式传感器线圈电阻为10KΩ，电刷最大行程4mm，若允许最大消耗功率为40mW，传感器所用激励电压为允许的最大激励电压。试求当输入位移量为1.2mm时，输出电压是多少？

解：最大激励电压

$$U_i = \sqrt{PR} = \sqrt{40 \times 10^{-3} \times 10 \times 10^3} = 20(\text{V})$$

当线位移 $x = 1.2$mm 时，其输出电压

$$U_o = \frac{U_i}{l} \cdot x = \frac{20}{4} \times 1.2 = 6(\text{V})$$

4. 已知超声波传感器垂直安装在被测介质底部，超声波在被测介质中的传播速度1460m/s，测的时间间隔为40μs，求物位的高度？

解：对于单探头来说，超声波从发射器到液面，又从液面反射到探头的时间为：$t = 2h/c$，则物位高度 $h = tc/2 = 29.2$mm

5. 什么是光栅的莫尔条纹？莫尔条纹是怎样产生的？它具有什么特点？

答：把两块栅距相等的光栅（光栅1、光栅2）面相对叠合在一起，中间留有很小的间隙，并使两者的栅线之间形成一个很小的夹角，这样就可以看到在近于垂直栅线方向上出现明暗相间的条纹，这些条纹叫莫尔条纹。莫尔条纹的形成是由两块光栅的遮光和透光效

应形成的。

莫尔条纹测量位移具有以下三个方面的特点：

(1) 位移的放大作用；

(2) 根据莫尔条纹移动方向就可以对光栅1的运动进行辨向。

(3) 误差的平均效应。莫尔条纹由光栅的大量刻线形成，对线纹的刻划误差有平均抵消作用，能在很大程度上消除短周期误差的影响。

模块六　流量传感器的应用

课后习题一

一、判断题

1. ×　2. √　3. ×　4. √　5. ×

二、选择题

1. C　2. A　3. B　4. C　5. D

三、填空题

1. 水平

2. 壳体、导向体、涡轮、轴及轴承、信号检测器

3. 直管段

4. $Q = \dfrac{F}{K}$

5. 磁电感应转换器与放大整形电路

6. 累计流量和瞬时流量并显示

四、简答题

1. 涡轮流量计类似于叶轮式水表，是一种速度式流量传感器。它是以动量矩守恒原理为基础，利用置于流体中的涡轮的旋转速度与流体速度成比例的关系来反映通过管道的体积流量的。

2. 气体涡轮流量计的选用要从以下几个方面考虑：

(1) 精确度等级：应从经济角度考虑，对于大口径输气管线的贸易结算仪表，在仪表上多投入是合算的，而对于输送量不大的场合选用中等精度水平的即可。

(2) 流量范围：使用时的最小流量不得低于仪表允许测量的最小流量，使用时的最大流量不得高于仪表允许测量的最大流量。

(3) 气体的密度：对气体涡轮流量计，流体物性的影响主要是气体密度，它对仪表系数的影响较大，且主要在低流量区域。若气体密度变化频繁，要对流量计的流量系数采取修正措施。

(4) 压力损失：尽量选用压力损失小的气体涡轮流量计。

3. 检测步骤：

(1) 检查仪表接线。

(2)仪表投入运行前，涡轮流量计传感器必须充满实际测量介质，通电后在静止状态下作零点调整。

(3)利用万用表检测两电极间的接触电阻，如果两电极的接触电阻变化时，表明涡轮流量计电极很可能被沾污了；接触电阻变大了，可能沾污物是绝缘性沉积物；接触电阻变小了，可能沾污物是导电性的沉积物；两电极接触电阻不对称了，表明两电极受污染的程度不一。

4.(1)加装油过滤器：可以使这些杂质溶于油中，然后过滤后的气体再进入涡轮流量计

(2)水平安装：涡轮流量计在安装的时候应该要保持水平，尽量不要垂直安装。

(3)加接直管：涡轮流量计的入口和出口端各加接一段直管，入口端长度要不小于10倍管段内径，出口端长度不小于5倍管段内径，或者可以在阻流设备与涡轮流量计之间安装整流器。

(4)旁通管路：为了不影响流体正常输送，建议按图安装旁通管路，在正常使用时必须关闭旁通管道阀门。

(5)地线处理：采用外电源时，流量计必须有可靠接地，但不得与强电系统共用地线；在管道安装或检修时，不得把电焊系统的地线与流量计搭接。

课后习题二

一、判断题

1. √ 2. × 3. √ 4. √ 5. ×

二、选择题

1. B 2. B 3. A 4. A 5. D

三、填空题

1. 外壳、激磁线圈、测量管、衬里、电极

2. 橡胶内衬、不锈钢内衬

3. 进口处、出口处

4. 正比

5. 电流输出、频率输出、脉冲输出

四、简答题

1. 优点：

(1)测量通道是段光滑直管，不会阻塞，用于测量含固体颗粒的液固二相流体，如纸浆、泥浆、污水等；

(2)不产生流量检测所造成的压力损失，节能效果好；

(3)所测得体积流量实际上不受流体密度、粘度、温度、压力和电导率变化的明显影响；

(4)流量范围大、口径范围宽；

(5)可应用腐蚀性流体；

(6)能连续测量，测量精确度高；

(7)稳定性好，输出为标准化信号，可方便地进入自控系统。

缺点：

(1)不能测量电导率很低的液体，如石油制品；

(2)不能测量气体、蒸汽和含有较大气泡的液体；

(3)不能用于较高温度。

2.(1)根据了解到的被测介质的名称和性质，确定是否采用电磁流量计

(2)根据了解到的被介质性质，确定电极材料

(3)根据了解到的介质温度确定采用橡胶还是四氟内衬

橡胶耐温不得超过80C；四氟耐温150C，瞬间可耐180C；城市自来水一般可采用橡胶内衬和不锈钢电极。

(4)根据了解到的介质压力，选择表体法兰规格

电磁法兰规格通常为当口径由DN10-250时，法兰额定压力≤1.6Mpa；当口径由DN250-1000时，法兰额定压力≤1.0Mpa；当介质实际压力高于上述管径-压力对应范围时，为特殊订货，但最高压力不得超过6.4Mpa。

(5)确定介质的电导率

1)电磁流量计的电导率不得低于5uS/cm(电导率是以数字表示的溶液传导电流的能力，基本单位以西门子每米(S/m 表示)；

2)自来水的电导率约为几十到上百个uS/cm，一般锅炉软水(去离子水)导电，纯水(高度蒸馏水)不导电；

3)气体、油和绝大多数有机物液体的电导率远低于5uS/cm，不导电。

3.(1)直管段长度要求：

电磁流量计的上游应有不小于5DN的直管段长度，若上游有非全开的闸门或调节阀，则连接闸阀与传感器的直管段长度应增加10DN，下游直管段长度一般不小于3DN即可。

(2)安装位置：传感器最好垂直安装(流体自下而上流动)，

(3)接地：电磁流量计必须单独接地(接地电阻100Ω以下)。在连接传感器的管道内若涂有绝缘层或是非金属管道时，传感器两侧还应加装接地环。

模块七 速度传感器的应用

一、填空题

1. 线速度 角速度

2. 线速度传感器 角速度传感器

3. 霍尔效应

4. $E_H = K_H IB$

5. 线性型 开关型

6. 霍尔电势

7. 电动式　感应式

8. 永久磁铁　线圈　弹簧　骨架

9. 感应电势

10. 双向转换特性

11. 磁场强度　磁路磁阻　线圈　磁场的相对运动速度

12. 线圈　永久磁铁

二、判断题

1. √　2. ×　3. √　4. √　5. ×　6. √　7. ×　8. √　9. √　10. ×

三、简答题

1. 电动机运转时，当磁铁靠近霍尔传感器，其 2 脚输出高电平，VT1 截止，输出端 OUT 输出高电平；当磁铁离开霍尔传感器，2 脚输出低电平，VT1 导通，输出端 OUT 输出低电平。这样，就是一组脉冲串，改脉冲串如果被送入计数器等装置进行技术分析后，便可以通过记录脉冲数量来获得电动机的转数。

2. 开关型霍尔集成电路是将霍尔元件、稳压电路、放大器、施密特触发器、OC 门（集电极开路输出门）等电路做在同一个芯片上。当外加磁场强度超过规定的工作点时，OC 门由高阻态变为导通状态，输出变为低电平；当外加磁场强度低于释放点时，OC 门重新变为高阻态，输出高电平。

3. $e = -N \dfrac{d_\Phi}{d_t}$

e——感应电势（V）；

N——线圈匝数；

Φ——磁通（Wb）

4. 基于电磁感应原理，N 匝线圈所在磁场的磁通变化时，线圈中感应电势发生变化，因此当转盘上嵌入 N 个磁棒时，每转一周线圈感应电势产生 N 次的变化，通过放大、整形和计数等电路即可以测量转速。

模块八　气体与湿度传感器的应用

一、填空题

1. 光敏　光导管

2. 光线的强弱

3. 光的测量　光的控制　光电转换

4. 内光电效应

5. 紫外光敏电阻器　红外光敏电阻器　可见光光敏电阻器

6. 光谱响应

7. 半导体　氧化还原反应

8. 接触燃烧式传感器　电化学气敏传感器　半导体气敏传感器　还原性气体传感器

9. 燃料电池

10. 化学物氧化锡

11. 波速　频率

12. 还原性气体

13. 电阻式湿敏传感器

14. 感湿层

15. 湿敏传感器

16. 555 时基电路　湿度传感器 CH

17. 元件的阻抗　介质常数

18. 固体的湿度

二、判断题

1. ×　2. √　3. √　4. ×　5. √　6. √　7. √　8. √　9. √　10. ×　11. √　12. √　13. √

三、简答题

1. 这是由于光照产生的载流子都参与导电，在外加电场的作用下作漂移运动，电子奔向电源的正极，空穴奔向电源的负极，从而使光敏电阻器的阻值迅速下降。

2. 光照越强，光敏传感器的阻值越小，当光照强度增加到一定程度，光敏传感器的阻值趋于稳定；光照越弱，光敏传感器的阻值大。

3. 酒精浓度检测仪的前端部分采用气敏传感器 MQ-3、R1 与 RP1 组成分压电路，通过外界酒精气体浓度的变化，从而改变 A 点的电位。酒精气体浓度越高，气敏传感器的阻值越小，A 点电位越高。

4. 有毒气体报警器主要是用在检测有毒气体泄漏浓度的一种精密电子产品，有毒气体顾名思义就是对人体有害的、对人体能造成危害的气体，在检测这类气体必须要求相应的有毒气体报警器检测准确、反应迅速等原则。

5. 湿敏电阻式传感器主要有感湿层、电极和具有一定机械强度的绝缘基片组成，感湿层在吸收了环境中的水分后引起两极间电阻值的变化，这样就将想对湿度的变化转化成电阻值的变化。

6. RL 为嵌入玻璃的加热电阻，RH 为设置在后窗玻璃上的湿敏传感器。由 VT1 和 VT2 三极管组成施密特触发电路，在 VT1 的基极接有由 R1、R2 和湿敏传感器电阻 RH 组成的偏置电路。在常温常湿条件下，由于 RH 的阻值较大，VT1 处于导通状态，VT2 处于截止状态，继电器 K 不工作，加热电阻无电流流过。当车内、外温差较大，且湿度过大时，湿敏传感器 RH 的阻值减小，使 VT2 处于导通状态，VT1 处于截止状态，继电器 K 工作，其常开触点 K1 闭合，加热电阻开始加热，后窗玻璃上的潮气被驱散。

参 考 文 献

[1] 王煜东. 传感器及应用[M]. 北京：机械工业出版社，2009.
[2] 朱自勤. 传感器与检测技术[M]. 北京：机械工业出版社，2012.
[3] 梁森. 自动检测技术[M]. 第二版. 北京：机械工业出版社，2008.
[4] 冯成龙. 传感器应用技术项目化教程[M]. 北京：清华大学出版社，2009.
[5] 党安明. 传感器与检测技术[M]. 北京：北京大学出版社，2011.
[6] 胡向东. 传感器与检测技术(第3版)[M]. 北京：机械工业出版社，2018.
[7] 徐科军. 传感器与检测技术(第4版)[M]. 北京：电子工业出版社，2016.
[8] 刘传玺，袁照平，程丽平. 传感与检测技术(第2版)[M]. 北京：机械工业出版社，2017.